NF文庫
ノンフィクション

海軍ダメージ・コントロールの戦い

知られざる応急防御のすべて

雨倉孝之

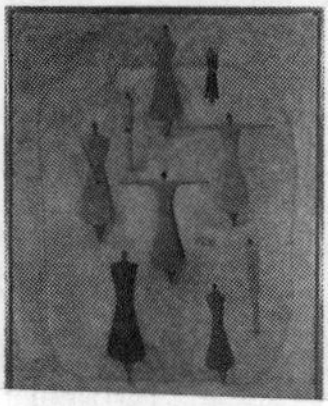

海軍ダメージ・コントロールの戦い——目次

第一章　明治、大正期の艦内応急防御戦

第二章　昭和戦前期の艦内応急防御戦

第三章　太平洋戦争前期の艦内応急防御戦

第四章　太平洋戦争後期の艦内応急防御戦

海軍ダメージ・コントロールの戦い

——知られざる応急防御のすべて

第一章　明治、大正期の艦内応急防御戦

海軍「応急」のルーツは

太平洋戦争のとき、日本海軍のグンカンは被害を生じたさい、同じくらいのダメージを受けた米海軍の艦艇に比べて沈みやすかった、いや沈没しないまでも早々に戦闘能力を失う例が多かった、とウレシクナイとかくの評がある。が、逆に、そんなことはない……「大和」だって「武蔵」だって、あれほど雷爆の猛攻に耐えてシブトク戦ったじゃないか、との反論も聞こえてくる。いずれも、わが防御力、抗堪力を批判、あるいは肯定しての声だ。

ならば、ホントのところはどうだったのか？　そこで、こんな言葉が出てきた所以《ゆえん》を探ってみようというのが本〝物語〟の狙いである。といっても、装甲《アーマー》の厚さがどうの装備箇所がどうの、といった物的なハード面の観察は従とし、艦内の応急防御戦闘に直接結びつき、関係する制度、組織、人事、教育などといったソフト面に主目標を定めて眺めていこう、というのが筆者の願いである。

現代海軍では、「ダメージ・コントロール」という言葉がよく使われる。日本海軍ではそれを「応急」と呼び、「戦闘によりあるいは不慮の災害に際会して船体に被害を生じた場合、即応して当面の修復を行ない、艦艇の戦闘力を持続し、その発揮を期する業務を謂《い》い、防火、防水、破壊物処理などを為す行為」と説明していた。この〝ダメ・コン〟を主題にしようというのだ。

さて、ぐずぐずしてはいられない。さっそく本論に入っていこう。しかし何事にも深いルーツがある。まずは出発点を明治初期にまでさかのぼる。

草創期海軍の運用教育

兵部省時代の明治三年当時、兵学校の前身、「海軍兵学寮」の教科目では、船乗り基本の「航海学」は海上測量学と船具運用学の二課を主柱に構成されていた。この場合の海上測量学とは航海中の〝船位決定法〟のこと。航路推測、天文略論、航海暦用法、測器用法、天体高度時角算法、なんぞの勉強であった。

「船具運用学」は船具の造り方、前部・後部甲板上の航海用諸装置の操作、端舟（短艇）操法から始まり、帆船・蒸気船の運用、操縦法が主体である。のみならず、〝諸艦交戦の法、艦内人員配置の法、艦隊運用法、海戦法〟などまでがその構成科目に入っていた。運用術で、艦隊運動や戦闘方法、海戦法規まで取りこんで学んだようなのである（『海軍兵学校沿革』海軍兵学校編）。なんとも大ざっぱ、まだまだわが『海軍学』は幼稚そのものだった。

そうであろう、いやそれどころか明治初年ころの草創期、海軍の艦内風景は、まことに無神経というかダラシがないといおうか、これが軍隊かとあきれ返るような乱雑な仕儀であったらしい。フネは各藩から持ち寄ったボロ軍艦。ルームに入ればデッキには破れ畳が敷いてあり、七輪《しちりん》でめいめいが勝手に煮炊きをする有様だ。火の用心もクソもない。士官も水兵も朱鞘の大刀を手挟んで、なかには足駄《あしだ》やヒヤメシ草履で出入りする奴もいる。板子一枚下は地獄という、悪い船乗り気分の横溢であった。だが、この幼稚な時代の〝運用術〟に、「応急」の原点はあったのである。

明治一五年一月四日、天皇よりいわゆる「軍人勅諭」が下賜され、その前後から、こんな蛮風、弊風も改まりだした。海軍上層部も海上の将兵も、覚醒し立場を自覚しはじめたのだ。以後、二六年ころまでの約一〇年間は、海軍部内各方面にわたって進歩発達のいちじるしい時代となる。

分隊長が運用、防火を指揮

明治一七年一〇月一日、「軍艦職員条例」が制定された。艦長以下、一兵卒にいたるまでの乗員の任務、職責を定めた規則集である。グンカンを軍艦らしくあらしめようとのルール・ペーパーだ。

軍艦にその頭目として艦長が置かれたのは、海軍発足当時の昔むかしからだったが、副長以下、主要幹部である砲術長、水雷長、航海長等の職名はこの法令で初めて顔を出した。ともあれ、かれらに定められた主な任務のうち、本書が目的とする運用・保安・応急防御に関係するいくつかの条目を並べてみよう。

まずはコンマ（commander・副長の海軍での俗語）から。

副長　艦長ヲ補佐シテ艦務ヲ整理シ艦長ノ命令ヲ執行シ艦内ノ定則ヲ維持スルヲ任トス

副長　ソノ艦保安ノ責任ニ於イテハ艦長ニ次グヲ以テ、艦長甲板上ニアラザルトキハ艦ノ運転ニツキ時宜ニヨリ当直士官ニ指令シマタ急遽ノ際ハ自ラソノ指揮ヲトルベシ

副長　艦内警察ノ事務ヲ担任シ且砲術長以下諸員ノ勉否ヲ監察スベシ

副長　艦長ノ命ヲ受ケ、当直、戦争、運用、防火ノ部署表等ヲ調整シ……乗員ヲシテコレニ関スル各自ノ職務ヲ熟知セシムベシ

副長　課業ニ係ル事ヲ担任スベシ

などなどである。

すなわち、軍艦にあってはこんな昔から、保安をはじめ〝内務〟はすべて副長が、艦長の意図を体して取り仕切っていたのだ、といっても過言ではない。一艦の行動進退や航路の設定、あるいは乗員の進級、賞罰など、重大な事柄をのぞいて、日常万般の〝艦務〟はほとんどみな副長に任されるのが常道になっていたのだ。副長は、艦内では艦長に次ぐ次席将校として位置づけられていたからである。

出入港の場合も、艦長は自ら艦の操縦を掌《つかさど》るが、副長は出入港に関わる甲板上の準備、片付けなど諸もろの裏方作業に兵員を指揮するのが通常なのだ。艦長は〝外向き〟の顔を持つ

が、副長は〝内助〟の功を尽くすのが本務であった。となれば、〝応急防御〟の総指揮が彼の掌《たなごころ》のうちに握られるのは当然であったろう。この件についてはまた後に述べる。

そして、航海長に関しての規定はこうである。純粋に航海術に関係することだけではなく、

航海長　艦ノ貯積法、釣合オヨビ航海上ノ性質ニ関スルコトヲ管理シ、マタ艙内貯積オヨビ水罐ノ現状ヲ熟知シ……

航海長　時々錨、錨鎖、帆、綱等ノ適否ヲ調査シ艦長ニ報告スベシ

航海長　毎週、掌帆長、木工長主管ノ需用物品ニ関ワル諸帳簿ヲ検査スベシ

と、明らかに後年の運用長が担当する仕事が航海長の業務に入っていた。このころは、〝航海〟の名のもとに、艦内編制は航海部門と運用部門が一緒になっていたようだ。ここにも、当時の各術科の担務内容未発達がうかがわれる。

また、本条例には「分隊長」という用語が出現し、

分隊長　戦争、運用、防火等ノ各部署ノ長トナリ部署員ヲ訓練シ各自負担ノ要具ヲ整頓シ以テ実用ニ支障ナカラシムベシ

と規定された。〝戦争〟とはいささか大仰な言い方だが、戦闘のことだ。また今後、本書の記述を進めるうえで重要なテーマになる〝防火〟の二文字が、前記副長の項に出たのに並んでこの条文に現われている。

戦闘、運用、防火を担任する戦闘編制上の「科」、たとえば砲術科、水雷科などはまだ作られていない。当時、砲術長、水雷長は存在していても、かれらは主管する兵器や軍需品を

整備し、砲術あるいは水雷術の教授・訓練を上部から監督するのが任務であった。

戦闘上あるいは平時の日常業務・生活上、いずれにおいても「分隊」と呼ぶブロックが兵員の行動の基本ベースであり、分隊長が指揮者、監理者だった。のちの大正、昭和時代とは少々違うのだ。この語も、法令へは初出である。

《えっ？ お前の記事は規則や法令がヤタラ多すぎる、ですって？ けれどそれが本物語の特色。どうぞご容赦のうえ、お付き合いください》

運用のボス——掌帆長、木工長

そのほか、平戦時を問わず艦内応急作業のデッキ実務上、重要な地位を占める下士卒からの叩き上げベテラン幹部の職名とタースクも、このとき正式に定められた。

掌帆長 常ニ甲板上ノ事業ニ注目シ下士以下諸員ノ動作ヲ監視スベシ

掌帆長 諸帆、諸索、錨、錨鎖ソノ他ノ船具ヲ精密ニ調査シ、実用ニ適セザルモノアルトキハ速ヤカニ之ヲ航海長オヨビ当直士官ニ申告スベシ

木工上長、木工長 常ニ船体各部、檣桁、端舟及ビポンプソノ他内外ノ木部ヲ精密ニ調査シ修理アルイハ腐朽予防ヲ要スル事アルトキハ、速ヤカニ之ヲ副長ニ申告スベシ

木工上長、木工長 常ニ船底汚水ノ有無増減ヲ検査スベシ

こういう職務を持つ数名のかれらが、航海・保安・応急部門で実務の中心になる人物だ。

掌帆長は平常、兵員が甲板で各種の運用作業を為すにあたって、細部を取り仕切り、指示

し、安全・敏速・確実な艦務遂行の采配を振るリーダーである。往時の商船用語でいえば〝水夫長（ボースン）〟、泣く子も黙る権力者であった。階級は、昭和期の特務少尉もしくは兵曹長が任じられていた。木工上長、木工長も地位、身分的には掌帆長と同等の軍人だ。業務は商船で船大工《ふなだいく》といわれる〝船匠《せんしょう》（カーペンター、略してカーペン）〟の仕事と同一線上にあった。

どちらも帆をかけて航《はし》る木部の多かった昔の艦船の保守には欠かせない存在なのだ。大げさにいえば、かれらがいなければその権力、年齢、閲歴からいって艦内は何事も始まらなかった。

明治18年12月25日に運用術練習艦となった、3本マストの「富士山」（初代）。横須賀鎮守府に所属

そんな明治一八年一二月二五日、三本マストの「富士山《ふじやま》艦」が運用術練習艦に定められた。横須賀鎮守府に所属し、運用術教員の養成を開始したのだ。教授科目は操帆法が主で、錨作業、端舟操法なども学ぶ。〝運用術教員〟とは、本艦で所定の教科を修業した優秀者に与えられる特別の名称である。階級とは違う。軍艦に乗り組めば、運用作業の各パートでリーダーとなるのだ。なにぶん当時はセールを張

っての航海が主流だったので、かれらはデッキ作業の花形であった。

だけでなく、一九年六月二三日からは、砲術とか水雷などの特技に関係なく、兵曹（下士官）に昇進させる全科の水兵に「運用術オヨビ普通学ヲ教授スルトコロトス」と、被教育者の幅が広げられた。いうなれば、後年、海兵団で行なわれた「初任下士官教育」である。

そのため、運用術教員のポジションにつかせる卒業者にはさらに三ヵ月間、左記の科目を補修教授することに改められている。

舵オヨビ帆ノ効用　抜錨出帆諸法　天候予察　荒天準備　台風オヨビソノ避法

などなど、だ。

まさに華麗なるシーマン・シップの極致、〝帆走軍艦操作法〟のエキス伝授といったところであった。

運用術練習艦は二二年一二月二三日、「高等水兵練習艦」と改称し、「富士山艦」から換わっていた「筑波」を引退させ、「武蔵」にその後を継がせていた。しかし、一年数ヵ月後の二四年三月二日、高等水兵練習艦の制度を廃止したので、練習艦制度は中絶するにいたった。

まったく制度はコロコロと変わる。まあ、急激な〝海軍術〟進歩のその証といえばいえようが。

二六年一二月三〇日、海軍兵学校でも教育規則が改定され、「海軍兵学校教程」が新たにつくられた。船乗り士官にとっての基本であり、要《かなめ》となる航海・運用の教程は、内容を学年別に四期に分けて教育した。

〈表1〉海兵の航海、運用教程（M.26.12.30改定）

学年	術　科	教科目
第１期	運用術	艦体および円材等の名称、羅針儀、測鉛、結索、諸法およびテークル
第２期	運用術	静索、動索、静索締め方および円材使用法、諸帆使用法
	航海術	推測航法、測器取扱法
第３期	運用術	円材交換法、錨および錨鎖使用法、運転諸法
	航海術	天文航法
第４期	運用術	実地応急法、防漏蓆装着法、艦船係留法、台風避法、運用術に関する部署および配置
	航海術	実測羅針儀自差、海上衝突予防規則、信号法、艦隊運動および艇隊運動大意、艦船方程大意

表1はその内容の概略である。第一期運用術に出てくるテークルとは、滑車にロープを通した組み合わせ船具のこと。重量物を扱うとき、力の経済が図れ、方向を変えられるので便利に用いられた。新入生にはまだ航海術はない。行船法《こうせん》などは一年坊主にはおこがましい、というわけであろう。二年生になってからだ。

ただし、この第四期科目は航海練習艦で教授されることになっていた。当時、兵学校生徒の最高学年は、陸上でなく乗艦居住して教育を受けたのだ。そしてここで初めて、兵学校運用教科の中に〝応急法〟という言葉が出てくる。第四期になり、艦上で運用術の一科として実地応急を学ぶのだ。実際的であった。

防漏蓆《せき》とは後の「防水蓆」のことである。本来的には衝突、岩礁乗り上げ等によって水線以下に破孔が生じた場合、その箇所に外側から当てがって浸水を防止する大きな帆布製マットだ。「コリジョン・

マット」の訳語で、形は四辺形（図１参照）。その四隅の索は艦の前後および両舷にとり、ちょうど大きな絆創膏のように艦底の破損孔の部分にあてがうのだ。海水はこの防漏蓆によって遮られ、中へ侵入することができない。

中型艦用には蓆一辺の長さが三・六メートル、駆逐艦程度では二・四メートルのものが準備されていたそうである。小さな破孔には効果があったといわれるが、この当時の「ダメ・コン」は、どのような事態を想定しての対処法だったのであろう。洋式海軍が導入されておよそ三〇年がたった時分、日清戦争直前である。ドンパチ撃ち合う戦闘中に、防漏蓆なんか使えたのだろうか？（いや、使おうとしたらしい）

〈図1〉 防水蓆

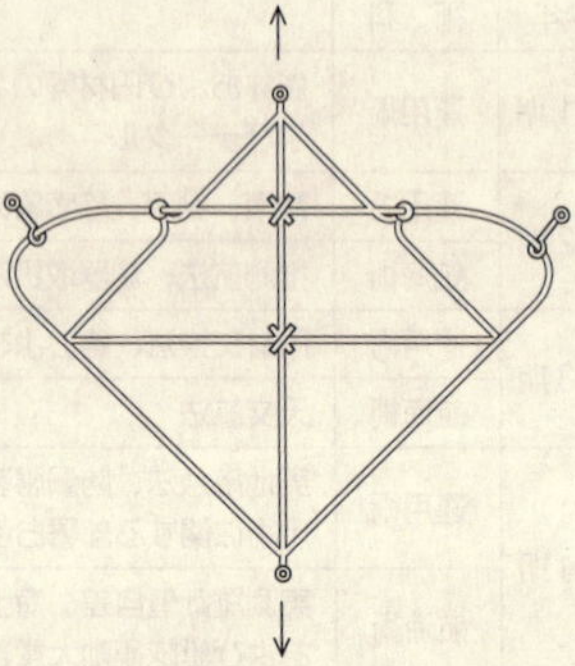

日清戦争で初の艦内防御戦

ついに日清戦争開始！

明治二七年九月二七日、黄海海戦が戦われた。わがGF旗艦「松島」は敵甲鉄艦「定遠」と並んだとき、その三〇・五センチ砲で前部砲台を射撃された。命中弾で砲台はもちろん近傍にも大損害をこうむり、火災が発生する。

このときの「松島」の状況は惨烈をきわめた。井上保「松島」砲術長の記録によれば、午後三時二六分、敵弾が炸裂し、中甲板砲台に火災が起こった。井上砲術長は艦長の命を受け、急いで階下に降りた。前部弾薬庫に火が入ったら一大事だからである。右舷側に出たところ、煙が艦内に充満して一寸先も見えない。

ばかりでなく、破壊物の木片やら戦死体が周囲に横たわっていて自由に進むこともできなかった。左舷側に回ると、こちらは煙が少なく、やや前方を見通せる。ただちに走り抜け、前部火薬庫に行き着くと庫の入口は開いたまま、付近には死体が転がり、材木や帆布《ケンパス》類が散乱して燃えている。

火薬庫口から煙は出ていたが、炎は出ていなかった。庫内に火の気があるかどうかは不明だ。そこで、近くの火が庫内に入るのを防ぐため、井上大尉は入口から消防管で海水を注入しようとした。だが、十分に水が出てこない。しかもホースが短くて、庫口に届かないのだ。やむを得ず、傍らにいた二、三人の兵員とともに、手桶で海水を手送りし、庫口に近いところの火災を消火することに努力した。

このとき、右舷側に船匠師（旧称木工長、准士官。後述する）。の姿を見つけたので、「火薬庫のフラッジング・コック（漲水弁）はどうなっているかッ？」と聞いたところ、スピンドルが曲がってしまい用をなさないとの答えだ。勇を鼓し庫内に入ってみると、多少破損している部分はあったが、火の気はない。ヤレヤレであった。

連合艦隊旗艦「松島」。敵甲鉄艦「定遠」の射撃により火災が発生した

付近の火災を消し止めた後、中甲板砲台の砲を検査したところ、五、六、七、八、九、一〇番砲のほか、他の砲は吹き飛ばされているか甲板が破壊して、とても使用できそうにない。

敵艦は右舷方向に見える。そこで井上は右舷砲を使用しようと考えたが、破壊物や戦死体が砲側にそのままになっており、旋回、俯仰は不可能。しかも砲の射撃要具はあちこちに散乱し、砲員も大概が戦死、あるいは傷ついて健全な者は見当たらないのだ。

そのうえ、この爆発の爆風で前甲板ハッチの上に縛り着けてあったグレーチング（格子板）やその他の雑物が一〇メートルほども離れた所へ飛び散っている。帆布類は、爆発した火薬の残塵が付着したためか、砲台に起こった火が飛び火したのか、燃えだしていた。

こうして「松島」は損傷が甚だしく、とうてい旗艦として将旗を掲げておくには不適と認められ、夜八時ごろになって伊東裕享連合艦隊長官は「橋立」に移り、「松島」には呉へ回航を命じたのである（『大日本海戦史談』佐藤鉄太郎）。

一方、三檣・レシプロエンジンの巡洋艦「天竜」艦上で、戦闘中、防御に非常な効力を発揮したのがマントレット（mantelet。弾片防止用の遮蔽物）であった。円周三インチくらいの綱（ロープ）で網をこしらえ、それを機械室のハッチの下に張っておいた。これはグッド・アイディアであった。木甲板の破片やら、スプリンター（砲弾の弾片）やらが落ちてきたが、網の上に乗っかって室内に落下するのを防いだのだ。その効果で機械室の主機械は、いとも順調に回転をつづけた（『懐旧録・日清戦役之巻』有終会）。

以上が日本海軍の対外国戦初陣における被弾時艦内状況と〝防火〟を主とする応急防御戦の一端である。なお前記マントレットは、のちの太平洋戦争でもわが海軍は用いていた。

戦間期の艦内防御システム

先ほど記した「軍艦職員条例」は明治三〇年五月三一日、より多数の条項、文言から成る「軍艦職員勤務令」と名付けられた何十頁もの規則集に大改正された。初めて日清戦争というシビアな体験をし、砲火の洗礼を受けたことが、多大な影響を及ぼしたのであろう。戦争を勝利のうちに乗り越え、日本海軍が大きく成長した証しでもある。

艦長に関する条項なぞ、条例時代の四三項目からなんと一四六項目に増加しているのだ。副長についても然り。一〇項目の少数から三九項に増えている。彼の戦闘に関係する部分

の任務を要約してみると、
副長は常づね戦闘、防火、防水、陸戦、運用その他一切の部署を熟知しておく。常にその適否を調査し、艦内ルールの制定あるいは改正が必要と思考した際は、意見を具して艦長に提出しなければならない。かつ、戦闘中は絶えず艦長の耳目の届かない方面全般に注目し、ときに応じ下層の諸甲板を巡視しなければならない。その結果は適切に艦長に報告し、艦長に後顧の憂いなく戦闘の指揮がとれるよう心がける必要がある、等々。
副長のあり方、任務が旧来よりいっそう細かく規定、記述されている。〝防水〟の文字が条文のなかに新たに加わってくるのも改革の一例だ。
そして副長だけでなく、上下諸員による艦内応急防御態勢にも改良が促された。そんな一つとして、「大尉分隊長」という新名称のポジションがつくられ、
大尉分隊長　戦闘、防火、防水、陸戦、運用ソノ他各部署ノ長トナリ、部署員ヲ指揮訓練シ……
と任務が定められ、とくにその中の一人、「先任大尉分隊長」については、
先任大尉分隊長　運用術ノ熟達練磨ヲ図リ、運用術ノ教授ヲ分掌スベシ
先任大尉分隊長　錨、錨鎖オヨビソノ属具ナラビニ帆オヨビ綱ナドニ関シ、ソノ取リ付ケオヨビ使用ノ便否ヲ考査シ……マタソノ保安ヲ看視シ、時々航海長ト共ニコレヲ検査スベシ
と規定されたのである。
すなわち彼は、平戦時ともに後の運用長に相当する職務を持たされたのだ。言い直せば、

運用長誕生の萌芽であったろう。
ボースン（覚えておられるかな？）にも、戦闘任務があらためて定められた。
掌帆長　戦闘ニ際シテハ専ラ補索手ヲ指揮シテ円材、索具ノ応急処分、防火、防水オヨビ傷者運搬ノコトヲ担任シ、掌帆科諸要具物品ノ支出ヲ掌ルベシ
とである。補索手とはマストや索具、円材などの管理、補修を主担当する兵曹（下士）のことだ。そしてかつての木工長、新名称では「船匠師」と改名された彼にも、
船匠師　戦闘ニ際シテハ船匠手《て》（下士。旧呼称は木工長属）オヨビ木工《もっく》ヲ指揮シ、防火、防水オヨビ船体ナラビニ諸造作部破損ノ応急処分ノコトヲ担任シ……
と任務が与えられた。
だが、こんな規定がつくられるまでもなく、船匠師が戦闘のさい、防火、防水に活躍したのは一九頁の文章で明らかであろう。
さらにこんな改正と並ぶように、一部の上等機関兵曹（准士官。太平洋戦争中の上等機関兵曹とは違う。下士官ではなく一ランク上）には、
上等機関兵曹　工業係ヲ命ゼラレタルトキハ、機関長ノ命ヲ受ケ機関兵曹、鍛冶手以下ノ掛員ヲ指揮シ、金物一切ニ関スル工業ヲ掌ルベシ
とも定められた。この上等機関兵曹は、前称を「上等技工」といい、機関各部その他の修理を主務とする工作・技業担当の准士官であった。ボイラー、エンジンの操作、運転とは直接の関係、責任はない。しかし、こういう工業員たちが、後のち昭和の御代には応急防御戦

いえる。

に重要な役を果たすようになるのだ。

戦訓を活用しての諸制度改整！　応急関係の部署近代化も、ようやくにして緒についたといえる。

終わりを告げた帆船の時代

日清戦後の艦内は、ひとたび「合戦準備」の令がかかると、鉄扉を閉じ、スルース・ドア（堰戸）をガッチリ閉め、各部を個々独立に区画する手はずになっていた。

「戦闘」の号音《ラッパ》が全艦に鳴り響けば、防火隊が防水扉を閉鎖し、消防ポンプを準備して火災の発生に備える。掌帆長配下の補索手は防水蓆を準備し、滑車それから斧、鉞《まさかり》を用意して檣や索具の挫断に備える。船匠師以下もそう。船体に穿孔や損傷を生じたとき、それを修理して艦が危難に陥るのを救うのだ。

昭和・平成の魚雷は、当時の呼称では〝魚形水雷〟である。なんとも古めかしく懐かしい用語ではアリマセンか。

日本海軍にそれが輸入されたのは明治一七年。日清戦争のさい、威海衛の夜襲では水雷艇により、敵旗艦「定遠」を擱坐させる大戦果を挙げた。とはいえ、そのころの魚形水雷は、深度調整器が付いているだけなので、確実に直進するとは限らないヘナチョコ魚雷であった。

したがって日清戦役までは、戦闘時の損害については、砲弾に対する防御を主として考えればよかった。

また敷設水雷と呼ばれる機械水雷（略して機雷）も明治一九年に輸入され、さらに三〇年前後から自動係維器の製造に成功し、連続急速敷設が可能になっていた。だが日清役での実績はなく、〝防水〟は不問とされた。

三三年に縦舵調整器が発明され、日露戦争からそれが実用されるのである。直径一八インチ（四六センチ）、射程四〇〇〇メートル、速力は三〇ノット程度、炸薬一〇〇キロと能力はアップし、そのうえ縦舵調整器の採用によって、航行中の艦船にも魚雷を命中させることができるようになった。

こうして各種水雷の進歩によって、日清以後は「水中防御」もないがしろにできなくなった。「軍艦職員勤務令」の随所に、〝防水〟の文字が載るようになったのはこのへんにも理由があるだろう。

損傷を受けて艦内に浸水した場合、それを局所で抑えるために防水隔壁で各区を遮断し、弾火薬庫、倉庫には出入口に鉄扉とハッチが設けられた。このうち水平方向のものが防水蓋で、上下方向に設けられているのが防水扉であった。

しかしながら、戦闘中の火災は敵砲弾によってもっとも起こりやすく、もっとも恐るべき災害であることに変わりはない。その火がもし火薬庫に入れば一艦破裂・瞬時爆沈の災厄に陥ることになるのだ。だから、防火隊は必死の消防活動に努める。火勢が強く人手が足りなければ砲員、水雷員等からも補助を出し、一艦挙げての「総員防火」となるのであった。

帆船教育に使われた大型練習帆船「日本丸」（撮影・竹川真一）

兵器に進歩があったといえば、フネの方も大きく変化する。日清戦争当時はまだケッコー、帆装の軍艦が幅を利かしていた。高檣（旧式艦船のマストは、最下部の下檣、その上に上檣、さらにその上にトップ・ゲルンマストと順次繋いでいった。そして上檣より上の部分を高檣と称した）を備え、帆を持っていた軍艦は、臨戦準備でみな高檣を陸揚げし、不用になるセールも陸揚げしてしまった。これは戦闘中索具類を射断されたり、あるいは帆に火が移り火災を招く憂いがあったからだ。もっとも、新規製造の艦船は帆装全廃でこのような面倒はなかったが。帆装艦の戦闘準備は、まずダビッドに吊って舷外に突き出している短艇は内方に振り向けて固縛、あるいは甲板上の架台に据え下ろし、帆布製の覆いをかける。弾丸が当たって壊れても木片が飛ばないようにし、大砲を発射するさい邪魔になる鉄柱やハンドレールは倒し、索具類は取り除いておく。補助舵を準備する。舷窓、防水扉等を閉鎖し、信号送受の器具を備える。また必要箇所へは兵員のハンモックを並べ連ねて「釣床マントレット」をつくり、銃丸や砲弾片からの被害を防ぐ。

そして、これらの作業は遅くとも二〇分間で仕上げる建前になっていた。ただ、この釣床マントレットは中に毛布が入っているので、火がつくと燃え上がる欠点はあった。

いや、なんとも面倒くさい作業のかずかずであった。

明治三二年一二月、兵学校の教程が改定され、運用術の部門では、〝横帆〟操作に関する教育が大幅に削除されている。明らかに航海・運用術の近代化であり、もはや風力で航《はし》る時代は過ぎたということであった。兵学校卒業の少尉候補生に対する練習遠洋航海を、マストに登りヤードを渡ってセールを拡げる帆走艦で実施したのは、それから間もなくの明治三四年卒業の米内光政（のち大将、海軍大臣、総理大臣）たち第二九期生が最後となった。

平成の現在でも、海洋大学や商船高等専門学校の航海科学生には、シーマン・シップの涵養に帆船教育はぜひとも必要と、四檣・バーク型の「日本丸」を使用しているのだが。


「初瀬」「八島」の失敗？


閑話休題。

すでに述べてきたように、日本の軍艦にとってダメ・コン上、最初の試練は日清戦争だったが、一〇年後に迎えた日露戦争では、それは輪をかけて強烈であった。空中から船体上部を目標に飛んでくる砲弾のほか、機雷とか魚雷による水中攻撃を経験することになったからである。

日露開戦後ほどない明治三七年五月一五日、旅順沖はたいそうな好天であった。わが最有力戦艦「初瀬」「敷島」「八島」たちは、梨羽《なしば》時起《ときおき》少将に率いられて老鉄山（遼東半島の突端）の南東を縦陣列で航行していた。一〇五〇ころだったという。突然、旗艦「初瀬」の左舷後部にドーンという音とともにショックが来た。

なんとなく艦が左舷に傾くような感じを受けた小林恵一郎水雷長は、「むっ、これは機械水雷だ！」と直感し、急いで後部の水雷室に走りこんだ。見ればドンドン水が入ってくる。ここでは防ぎきれないと彼は即座に判断し、兵員を上へ上げると水雷室のハッチを閉めさせた。しだいにハッチの蓋が膨らんでくる。

爆発は左舷舵機室であった。後甲板に向かった有森元吉副長は下甲板に降り、応急作業を指揮していたが、傾斜は増し、はや機械室あたりにも少し水が入ってくるようになった。だが、処置よろしきを得たか（？）傾きは一五度くらいで一応止まった。しかし、万一に備えて彼は短艇類の下ろし方準備にかかる。これも副長の職分だ。

そんな最中の〇時三〇分ころ、左舷の艫《とも》のほうでまたもドカーンというドデカイ音がし、乗員たちは強い衝撃に叩かれた。そのショックで、水雷長は左舷の海中に放り出されてしまう。

はしなくも落ちた海面から艦を見ると、右舷の甲板に真っ黒な煙と火炎が一面にズ～ンと立ち騰《あ》がっていた。爆発だ！　これはすぐ沈むぞ！　と彼は思った。つい先だっての四月一三日、露艦「ペトロパウロウスク」が、わが敷設機雷に引っかかり、黒煙を上げた途端、たちまち見えなくなってしまったからである（『懐旧録・日露戦役之巻』有終会）。沈没は午後

戦艦「初瀬」――明治37年5月15日、旅順沖で敵機雷に触れて沈没した

○時三三分すぎころだったが、相手が機雷、それも二発ではオールド・セーラー中尾雄艦長（のち中将）も手の施しようがなかったのであろう。最初の機雷爆発から沈むまで、約一時間半ほどであった。

「初瀬」が触雷すると梨羽司令官はただちに後続艦へ、右八点（九〇度。〝一点〟は一一度一五分）の一斉針路変換を指令した。

三番艦「八島」は、坂本一艦長（のち中将）がすぐさま転舵を下令する。その回頭中、「初瀬」より「短艇を送れ」との信号があり、「八島」では旋回しながらボートの降ろし方を始め、ついで艦長は「両舷停止」の号令をかけた。

不運はつづくものだ。その作業最中、右舷中央の脇腹あたりにドーンという音がした。響きはあまり強くなく、坂本艦長は瞬間、水雷に触れたなと思ったそうだ。さらに一分か一分半くらいたったとき、またもドッカ〜ンと音が聞こえた。今度は水雷室と舵機室の中間に触雷し、船体はたちまち九度ほど右舷に傾斜した。一方で短艇を降ろし、他方では両方の爆発損所への〝コリジョン・マット当て方〟にかかる。なんとも忙しい話だ。

しかし、防水蓆を当て、排水も始めたというのに刻々浸水は増え、傾きも大きくなる。そこで、後部左舷のウイング（翼艙）に海水を入れ、幾分でも傾斜を直そうと考えた。キングストン弁（金氏弁。艦底の海水に通ずる箇所に付けられており、常時は海水の圧力により弁は押しつけられて閉じている）を開けさせようとした。

だが、すでにキングストン・バルブが海水に漬かっていて操作不能。やむを得ず下甲板からポンプで、注水することにした。が、傾斜は直らない。重量が増し、かえって艦を沈下させる状態になってきたので、すぐ注水をストップする。

このような状況から、もはや助かる見込みなしと坂本艦長は判断した。ただ、航行ができるかぎりは敵の視界外に出て、海岸に乗せ上げようと決心する。

「笠置」が「八島」の脇に添い、針路を遇岩（旅順の南東沖、約二二浬）にとって南進をつづける。しかし、だんだん傾斜は大きくなっていく。ついに「これは到底ダメだ」と艦長は諦めたようだ。航進を止め、遇岩の北東約八浬、深さ五〇メートルくらいのところに左舷錨を投じ、艦を見捨てることにした。そうして、上甲板開口部の閉めるところはみな閉め、軍艦旗を降ろし、総員を退去させたのだ。そのとき、傾斜は一六度から一七度くらいであったという。幸いなことに一人の負傷者もなし（同前）。

また、この一部始終を見ていた「笠置」航海長の回想によれば、「初瀬」の一大爆音をともなった爆発は、艦の中部以後の開孔という開孔や弱部を破り裂き、ものすごい火炎と黒煙を吐き出した。大檣の頂上からまでも火炎を噴出したかのような形相を呈してマストは倒れ、「初瀬」は急速に後部より沈み始めたという。

後部で作業していた者は吹き飛ばされるか、爆煙に巻き込まれたが、前部にいた乗員の多くは海に飛び込んだらしい。沈む速度はあまりにも速く、艦首は空中高く立ち上がった。舷外に跳んだ者は、とても直接海中に飛ぶことができず、舷側を滑り落ちてビルジキールで跳ね飛ばされる者もあり、その惨状は見るに忍びないものであったようだ。

ところで、「初瀬」「八島」の遭難が敷設水雷によるものか潜水艦によるものか、現場では最初よく分からなかったらしい。「敷島」艦上でもどのような対処の方策を講じたらよいか、士官がブリッジに上がってきて、あれこれカンカン諤々《がくがく》の意見を戦わせたという。

しかし、二発程度の機雷で戦艦爆沈。なぜ？　どうして？　ともあれ、「初瀬」「八島」の両艦とも、防水作業が成功しなかったことだけは確かなのである。〝応急防御戦〟失敗か⁉

なお、沈没以後も平和回復まで、「八島」乗員はそのまま「八島」乗組となっており、艦長も依然「八島」艦長であった。戦艦二隻沈没は秘中の秘として極秘を保ったのであった。敵を喜ばせないように。

「三笠」の応急防御・その一

思わぬ危害に一大ショックを受けたが、わが連合艦隊は気を取り直して、明治三七年八月一〇日の黄海海戦に臨む。

決戦を予期した第一回戦闘では、午後一時三六分、東郷艦隊は右一六点（一八〇度）の一斉回頭を行なって南西に向かい、敵の進航針路に圧迫を加えた。そのときである。旗艦「三笠」が敵弾のため大檣を損傷した。

弾丸は後部セルターデッキ（艦橋甲板）に当たり、メインマストの根本に大穴が開いた。速力をあまり上げるとマストが折れる恐れがあって、追撃に手間取るというハプニングが起きたのだ。が、メインマストは、補索手と中甲板防火隊（機関兵および木工《もっく》の一〇名より成る）の手により応急補修が施された。

やれやれと思った午後二時すぎ、左舷側上甲板に火災が発生した。しかしこれも六番ファイア・メインを使用して、わずか三分間で鎮火させることができた。と、今度は三時一分、一弾が六番六インチ砲下の水線付近に命中、つづいて同五分、後甲板の下にも命中する。さらに五時一〇分ころだったが、上甲板左舷揚艇機付近で火災が起こり、五番ファイア・メイン使用が命じられた。だが、水が出ない。しからばと、一二ポンド一一番、一三番砲（一五センチ副砲）に備え付けの金桶《かなおけ》に入っている清水を使って鎮火させた。素早かった。この間およそ五分。

「ファイア・メイン」とは「消防主管」の旧称である（昭和海軍でも、兵員はこのカタカナ言葉を使っていた）。消防ポンプに連結する一連の海水管で、ちょうど電灯線のように艦内

黄海海戦で後部12インチ砲塔の右砲身を失った戦艦「三笠」

いたるところに導かれている。要所要所に吐水口と開閉弁があり、非常の場合だけでなく日常の甲板洗いの際にもこれを使用するのだ。
消防ポンプは強力な海水ポンプで各種あり、吐出力量は一時間三〇～八〇〇トン。のちの昭和期戦前の装備数は、軍艦では二～一〇台、駆逐艦二台が通例であった（『標準海語辞典』海洋文化協会）。応急班の防火手段に用いられる、最高、有力な重要防御武器なのだ。現在でも然り。
第二回戦闘は午後五時三七分、戦艦「ポルタワ」からの発砲で開始となった。わが方また反撃、主として敵旗艦に照準を合わせ、砲戦はしだいに熾烈となっていった。
五時四三分、七八〇〇メートルの距離となり、飛んできた一弾が「三笠」前艦橋の下方、左舷側に命中する。五時五五分、距離は八二〇〇となった。次いで敵弾さらに一発、後部一二インチ砲塔に命中。右砲身を環部より切断、その砲身前部は海中に墜落した。揚弾機導板は曲がって折れてしまい、旋回発射することができなくなった。そしてこのとき、第三分隊長伏見宮博恭王をはじめ砲塔長以下全員が負傷した。

六時二〇分、後檣楼に一弾命中、六時三〇分、距離八〇〇〇となる。このときまたも一弾わが前艦橋に命中し、数名の死者、負傷者を出したのだ（後部主砲塔への命中損傷は、実際は自砲の腔中爆発〈砲身の中での自爆〉だったといわれている）。

第二回戦闘たけなわの午後六時二五分ごろ、兵員病室がある左舷中央の外板へ、一二インチ砲弾が命中した。弾丸は中甲板、送風管を貫くと右舷の掌水雷長室で爆発し、猛烈な音響と黒煙を発した。中甲板前部防火隊はこの音を聞くや、ただちに駆けつけていく。

だが、「三笠」自身の発砲による激動のため電灯が消え、暗黒となって周囲が見きわめられない。ただちに〝ローソク灯火〟を点じて、敏活に行動を再開、ファイア・メインからホースを引っ張って鎮火させたのであった。

「三笠」の応急防御・その二

船匠部の応急員も、機関部防火隊の三名（三名のみ健在、他は死傷していた）を合体させると一団になって、掌水雷長寝室へ突っ走った。そこの隔壁と外板リブバンド（帯板。肋骨の仮取り付板）上部に生じた弾孔から、激浪のためドンドン海水が打ち込んでいる。かねて船匠部で自製してあった弾孔塞栓で孔を塞ごうとしたが、一番大きい塞栓でも被害箇所の孔径《ダイヤ》が大きすぎてとてもダメ。

そこで、付近に散乱している木片を集めてその孔に突っ込み、第二兵員室付近の毛布を持ってきて間隙に充塡、孔の縁の出っぱったところを平らにした。さらに、厚さ八分（約二四ミリ）、長さがおよそ六、七尺（約一・一～二・四メートル）の板二、三枚を適当な大きさに切って横に押し当て、ケプスタンバー（揚錨用車地《しやち》を人力で回す棒）五本を縦に当てる。そして用意の楔を差して締めつけ、かろうじて浸水を防ぎ、航海中の激浪に耐えられる程度にしたのだ。同時に綱具庫からの浸水は、そこに毛布をあてケプスタンバーによって押さえつけ、圧迫して漏水を防いだ。カーペン（船匠）さんたちの勝利。お見事、お見事。

次いでかれら応急員たちに飛び込んできた急の報せは、看護長寝室浸水！　であった。駆けつけてみると、通路にも海水が溢れ出ている。舷側のリベット頭部が破損していた。それだけでなく、甲板のボルトが抜けたところ、ゆるんでいるところからも海水がさかんに噴出している。

敵弾が水線下に命中し、左舷前部清水缶を破壊させたからだ。ここも防水処置として、木栓やら厚い毛布にグリースをたっぷり塗りつけたもので孔のあいている各部を塞《ふさ》ぎ、急遽、海水侵入の道を閉ざしたのであった。

さて、後部での応急作業やいかに。

士官次室左舷外板に一二インチ砲弾が命中し、火災を起こしていた。ただちに中下甲板防火隊は駆けつける。ホースを引いてファイア・メインの弁を開き、たちどころに鎮火成功。だがこのとき、弾孔部から波浪が打ち込んでくるのが見つかった。かねて用意のもっとも大きい塞栓を弾孔へ突っ込んで外へ押し出し、今度は逆に内側へ引きこんで締めつけた。が、外板に凸所があるため、海水の侵入は止まない。そこで、ベッド二台と毛布四枚を押し当てて密閉し、これに厚さ一寸（約三センチ）の木板を当て、例のケプスタンバー二本と長さ二間（約三・六メートル）、厚さ三寸の木材を適当なところにあてがい、楔を挟んで圧迫し、航海中も波浪に堪える程度に処置したのであった（『三笠すべての動き・3』エムティ出版）。

「三笠」では、敵弾が雨か霰《あられ》かと飛び来るその中を、副長秀島七三郎中佐（のち少将）は平然たる態度で巡視し、敵弾のため損傷を被った後を隈なく見て回った。それは「軍艦職員勤務令」に定められたとおりの任務遂行態度であった。作業員を指揮督励して応急修理をやらせる様は、兵員の目にもじつに頼もしく、目覚ましいものに映ったという。士気大いに上がる（『一水兵より海軍少佐になるまで』大河原蔵之助）。

午後七時五二分、駆逐隊と水雷艇隊に敵艦隊襲撃の命令が下された。しかし八時二分、日は没し継戦は困難となる。それまで、わが主戦艦隊は敵の主戦艦隊にブチ当たって砲戦を展開したが、日没戦闘休止までに敵味方とも沈没した艦はない。味方に関してのみいえば、わが応急隊は艦内防御戦を〝よく戦った〟というべきであろう。とくに、損害の大きかった旗艦「三笠」についてそれはいえる。

マントレットの効果やいかに？

明治三八年五月二七日、日本海海戦の当日である。

世紀の決戦のこの日、奮戦のあげくわが旗艦「三笠」艦内に生じた損傷、火災にたいし、施した応急処置の状況はいったいどのようであったか。

火焔が上がったのは敵弾が三番ケースメート（砲廓）上に炸裂し、第一カッター付近の釣床を焼いたのと、兵員厠に当たった一二インチ砲弾のため右舷セルターデッキとその下部に起きた火災。第二水雷艇を置くクラッチ（艇架）付近に爆発した敵弾のため、第三カッターおよびその付近の釣床を焼いた件、それから薬剤室天井で炸裂した弾丸によって同室内に起きた火災の都合四件である。

「三笠」では合戦準備として、ハンモックのあらかたと索具を使ってマントレットにしていた。釣床マントレットは上甲板中部の両側ほとんどすべてに張っている。前部、後部コンパスデッキの周囲、前部コンパス、前部操舵室の両側、前後艦橋の両側、フォールマスト（前檣）の前面、ボートデッキ、セルターデッキのそれぞれにある軽砲の背後などなどへ装着したのだ。

また前後司令塔、無線の空中線引入筒の周囲にはホーサーを巻きつけるなどして、砲弾の破片によってパイプ類が破られるのを防いだ。

中甲板においても前部一二ポンド砲台（一五センチ副砲）の背後に各々ホーサーを張り、ケビン砲（速射砲）の背後には釣床を置いて防御した。下甲板の砲塔側《わき》にある注水弁スピンドルも、釣床で囲った。かつ、上甲板中部スカイライト（天窓）はほとんど一面に、不用の

石川県加賀市の日本元気劇場に展示されている
戦艦「三笠」の原寸大セット（撮影・真下潤）

ホーサーでネットを張り仮天井をこしらえたのである。それはソレハ、考え得るあらゆる応急防御手段を講じたのであった。

ン？　兵員が寝るときはどうするか、ですって？　むろん毛布にくるまり、デッキにゴロ寝です。

釣床が弾片や飛んでくる鉄板、材木の破片に対してよい防御具となることは、すでに前年の黄海海戦でも実経験を得ていたが、今回の戦闘でさらにいっそうの確信を掴んだといえる。

たとえば、揚艇機の外側に取り付けた釣床には弾片が食い込み、そこで止まっていた。また、右舷ボートデッキ、セルターデッキの下で炸裂した一二インチ弾の大破片は、操舵室内に飛び込んだ。そしてさらに羅針儀の左側にぶつかったが、幸い羅針儀の防御として釣床を数本連ねてあったので、その弾片は釣床内に入り、ストップしたのである。

ホーサー・マントレットも弾片や壊れた構造物破片の飛んでくる勢力を殺《そ》ぎ、ある程度その散布を防ぐ効果があることは前部上甲板や中部上甲板で実際に証明されている。といっても、釣床のような目覚ましき効力は認められない。ごく細かい弾片だと網の間隙を通過してしまうし、大きな弾片はホーサーを断ち切った形跡が見られた。したがってこちらは、〝場合により〟効果あり、との判定を下すのが適切であったようだ（『戦艦三笠すべての動き・4』エムティ出版）。

日本海海戦での「三笠」の防水

ならば、防水に関する処置はどうであったろう。

被弾により、水線付近に生じた主な損害は四ヵ所あった。

1　中甲板右舷一番ケースメート下層の石炭庫付近。六インチ甲鉄外鈑に径約七〇〇ミリの破孔。

2　中甲板右舷七番ケースメート下層の石炭庫付近。六インチ甲鉄外鈑に径約一メートルの破孔。

3　中甲板右舷前部の賄流し場付近。外鈑に径約二五〇ミリの破孔。

4　下甲板右舷後部の機関長事務室。径約二五〇ミリの破孔。

いずれも一二インチ弾のために生じていた。

これらは、六インチ砲弾によってあけられている。当日、当時は波浪が高かったため、破損した所はどこも水面上でありながら海水が打ちこむので、応急防水工事を施さなければならなかった。レスキュー隊出動！

一番砲廓《ケースメート》下の石炭庫外鈑破孔は、内側から見て外ひろがりのちょうど円錐状をなし、いろんな破壊物の断片が庫内に散らかっていた。庫内には石炭が多量にあったがただちに防火隊員が入り、破孔のところまでの石炭を除去し、炭粉の混じった泥状の海水の中で応急防水作業を行なったのだ。

本艦にはかねて特製の防水木板が用意してあった。二枚を舷側内側から外鈑の外に突き出し、これを釣床鉄捍（どういう物体か不明）を用いて内部に引きつけ、蝶型スクリューナットで締めつけた。木板と外鈑との接着面には毛布などを挟みこむようにする。

七番ケースメート下の炭庫の外鈑破孔状態は、一番のそれとほぼ同じだったが石炭はより多量に入っていた。防水法は前述のやり方と異なるところなし。

また中甲板賄流し場近くの外鈑破孔は円かったので、ただちに内側から毛布類を塡塞し、木材でこれに圧迫を加えておいた。下甲板機関長事務室外鈑の破孔も円形であった。防水法もほぼ同様（同前）。

こうして応急防火・防水戦を、乗員たちは艦内の目に見えぬところで戦い、適切な処置をしてわが東郷艦隊主力からは沈没艦を出さなかったのである。

なお「三笠」艦のバイタル・パートは終始健全であった。前後部主砲塔の囲壁バーベットと前部司令塔は最厚の一四〜一〇インチの甲鈑を張り、主砲塔ターレットは一〇〜八インチのアーマーで装われていた。また、前後部主砲塔間の舷側中央部の甲鈑厚さは九インチである。そして、浸水を最小に抑えるための水密区画は二九〇ヵ所に達していた。ここにも本艦不沈の原因があった。

二〇世紀幕開けごろの応急防御

ならばこの日露戦争前後のころ、外国海軍では応急防御をどのように考え、どのような防御手段、方法を採っていたのであろうか。

その数十年前、世の軍艦が鉄製になってから、火災の危険性は木造軍艦時代に比べて大幅に減少したと考えたようである。敷いてある木甲板と短艇とケビン（キャビン）の家具等を除けば、燃える物件はあまりない。火薬と石炭は当然積載しているが、これらは十分な配慮の下に保管されており、平時、それ自体が火災の直接原因とはなりにくいと思考したようだ。

したがって、火災発生時の防火処置は単純だった。英海軍では、発生区画、隣接区画のすべての通風は閉鎖する。防火隊は消防ホースを必要に応じ該当個所へ展帳する。発生場所の分隊員が消火作業にあたり、隣接分隊員は区画閉鎖をした後、手押しポンプにつく。他の分隊員は関係するハッチ等を閉鎖するだけだった。むろん以上は平常時の火災のこと。

戦闘に際してもほぼ同様と考えていたであろうが、ただ、火災を〝電気火災、油火災、その他〟に分類し、区分に応じてそれぞれに適応した消火法ありとしていた（「世界の艦船」四三六集：「ダメージ・コントロールの歩み」海野陽一）。これはのちの目から見ると明察、明断であった。

だが、やがて弾丸や火薬が発達しかつ艦自体の構造が複雑になってくると、ふたたび火災がグンカンにとって恐ろしい存在であることを乗員たちは身にしみて知るようになるのだ。どこの海軍においても、である。日本海軍についていえば、日露戦役の試練がそれにあたるだろう。

ところで、一九〇四年度（明治三七年度）計画により一九〇八年一〇月に竣工する英戦艦「ロード・ネルソン」は、戦艦として初めて、舷側外板の内側に水密の縦隔壁を設けて水防性向上を図っている。水中防御に目をつけたのは、これまたさすが英国海軍というべきか。

その〝着眼〟が誤りでなかったことは、日本海海戦で五月二七日夕刻より夜にかけての日本駆逐隊、水雷艇隊の襲撃によってロシア艦隊が大打撃を被ったさいに証明された。この戦闘で、すくなくも露戦艦「スウォーロフ」「ナワリン」「シソイ・ウェルキー」の三隻は、果敢なわが肉迫水雷攻撃で撃沈させたと認められているのだ。

雷撃威力きわめて大、とまではいかないが相当に大である。すなわち、それを見越して建造された、一九〇九年（明治四二年）二月竣工の英艦「ベレロフォン」は対砲戦用の装甲防御を若干減らし、水中防御を強化した。かつ前後の弾火薬庫間に魚雷防御用の縦隔壁を初めて設置している。

ダメ・コン専門に従事する即応救難隊員にとって、じつはこの鉄艦、鋼鉄艦時代になってから作業はかえってやりにくくなってきたのである。隔壁を貫通して張りめぐらされた各種のパイプとか電線が数多《あまた》あり、いたるところにハッチ、ドア、マンホールがあって応急作業の邪魔をするのだ。

そこで、たとえばこの管は海水用か真水用パイプかあるいは蒸気管なのか。ここについているバルブは何をする弁か。考えた英海軍では、これらの諸管を色で塗り分けて識別するようにした。やってみれば簡単なことだが、賢明な着想だった。

そんなおり、日露戦の戦訓を横目でチラリとにらんだ英海軍は極秘裡に、しかも急速に攻守両面で画期的な戦艦を建造してしまった。「ドレッドノート」がそれだ。一九〇五年（明治三八年）一〇月着工、翌〇六年一二月にもう竣工している。このすばやい誕生が当時の戦艦のすべてを旧式艦に追いやってしまった。ドイツ皇帝が騒ぎだしたのも、この「ドレッドノート」の名を聞いたがためである。米国が大戦艦建造を思い立ったのもこれがためである。

水防性の強化が図られていた英戦艦「ドレッドノート」。1906年12月に竣工

旧来の中間砲を廃止して〝単一巨砲搭載戦艦〟を具現したのだ。そして、それだけではなかった。このころ英海軍は〝水防性〟の強化に着目し、強い関心をもっていたようだ。浸水遮防が重視され、「ドレッドノート」ではメイン・デッキ（中甲板）以下の隔壁には一切の貫通孔を設けず、各区画への出入りはいちいち上部から迂回して個々独立に行なうことにしたのである。

日本海軍、応急教育を開始

メカニックな防御機構は船体構造の一部であり、戦艦にとっての防御力は攻撃力とともにもっとも重要な戦闘機能だ。そのため砲弾、爆弾に対する「装甲」と、魚雷、機雷に対する「水中防御」の直接防御設備が最重視される。そしてそれらの物的効力を、乗組員の活動と能力によって倍加しようとの発想からであろう、日本海軍では下士官兵の教育と艦内編制に改良を加えることにした。

「初瀬」「八島」の被雷喪失などを見ての戦訓が頭にあったに違いないが、戦後の明治四〇年六月八日、「海軍工機学校教育綱領」に改定を加え、普通科掌機練習生と高等科掌電機練習生の教科に追加項目を設けた。

機関科下士官兵教育に〝排水、漲水、防水防火防弾ニ関スル諸装置、応急修理法〟の科目が顔を出したのだ。船匠練習生のコースについても、初めて課程に機関術練習生のそれに類似した、〈応急防御戦〉に肝要な事項が教科に出てくる。

だが、なぜか高等科掌機練習生と普通科電機練習生にはこれら応急防御関連の科目は課されないのである。主機械や缶をメインとする掌機にとっては、ポンプとか水圧機なんぞは、やはり補助科目にすぎなかったからであろうか。そこまでやる必要なし、と。

ただし砲弾一発、魚雷一本で全艦が真っ暗になり、すべての機能がストップしては困る。ならば、電機術では普通科のときしっかり教えておく必要あり、との発想があったのであろうか？　ともあれ、〝注水排水〟の教習に目をつけたのはグッドであった、といえよう。そして従前からの船体やデッキ被害時の対処・修理の実際面にも見直しが行なわれ、進歩改善の方向に向かう。

明治四一年五月二一日、「運用術練習艦教育綱領」は船匠練習生に対して教授すべき〝応急諸法〟として、教科目中に弾痕閉塞法、補索、防火、防水、座礁に対する処置法を加えたのだ。

木造帆船時代のダメ・コン体制では、大雑把にいうと船体とマスト、索具は水兵、造綱手たち、帆は専門の帆縫手が主務者になって担当し、補修していたのだそうだ。そうして手押しポンプを突き、エイやエイやと排水する作業は水兵たちが交替であたったのだという。つづいて、同年一〇月二三日、艦船乗組の士官や兵員の部署、任務を規定する「艦内編制規程」がつくられる。砲員の任務、発射管員の仕事、焚火員の作業などについて……。遅かったくらいだが、一二月一日施行であった。このとき補索、防火、防水、破壊物除去、船体船具の応急修理やその他戦闘中起こるべき、諸もろのレスキュー任務に従事するメンバーを「応急員」と総称することに〝正式〟に定められた。

さらにかれらを上甲板応急員と中下甲板応急員とに分け、水兵部員と船匠部員をこれ充当する。ただし船匠部員は、主として中下甲板応急員に配置すると決まった。

以上は戦闘時の配置だが、平生の常務、生活では操舵員、応急員、要具庫員、電信員、信号員、治療所員、傷者運搬員、烹炊員たちを合併して一個分隊を編成する、と規定したのだ。

応急重視？（ただし、この分隊編制はのちにまた変わる）

間接防御に力を入れだす各国

先にふれた、日露戦争開戦三ヵ月後に起きた露艦「ペテロパウロウスク」の触雷沈没、それにつづく「初瀬」「八島」の同様沈没は、第一線主力艦がいずれも水線下の爆発衝撃に対して抗堪力が小さく、防御上致命的な欠陥である、として注目された。

また、日本海海戦では、わがGFの激しい砲火の前にバルチック艦隊の各艦は、いずれも被弾と同時に黒煙をともなう猛烈な火災を発生し、つぎつぎに戦闘力を喪失したことも他人ごとならず反省点となった。

海外では英海軍に劣らず、ドイツ海軍もこれらの戦闘経過に注目し、艦艇の防御能力の向上を図るため、意欲的な改革に着手した。

第一は、艦内を水密な区画に細分する方式の採用だ。第二にはこの改良によった新しい構造、機能を十全に活かすため乗組員の防御活動体制を編成し直し、効果的な指揮通信系統を打ち立てることであった（「世界の艦船」二二五集：「現代軍艦の防御思想」吉田承澄）。

と、まあシカツメラシクいうとそうなるのだが、当時はド級戦艦の幕開け時期であった。

したがっていずこの海軍も、こぞって艦の攻撃力増大に邁進していた。だからであろう、それに対応するための艦内防御能力については、相変わらずブ厚い装甲を鎧《よろ》う直接対抗力の向上に重点が指向されていった。

だが、ドイツ海軍は、アーマーに依存することもさりながら、甲鉄防御範囲を外れた前部後部の無防御パートについて特段の工夫をこらし、抗堪性確保に力を注いだ。防水区画を合理的に配置することによって被害による浸水範囲の局限を図る。こうして艦が浮くために大切な予備浮力の損失を、できるだけ最小限に止めようと考えたのだ。

やがてその効果は、のちに起きる戦争の海戦で実を結ぶことになる。

大正三年（一九一四年）八月、第一次世界大戦勃発！

その五年五月末に生起したジュットランド沖海戦では、海戦前の両艦隊兵力は英軍が隻数において約二倍、火力では約三倍の圧倒的優勢を確保していた。だが、約五時間におよぶ戦闘の結果、英艦隊は巡洋戦艦三隻を撃沈されたほか、相当数の艦艇が損害を被り、しかも比較的軽微な損傷なのに、戦線を離脱する艦が少なくなかった。反して独側被害は戦一、巡戦一の沈没である。一隻少ない。

であったからか本海戦は、〝艦内防御戦史〟上では、英海軍に比し、よりいっそう積極的な物的、人的防御の近代化を図ったドイツ海軍の勝利といわれることが多い。

では、両艦隊各艦は艦内防御戦闘をどのように戦ったのか？

ジュットランド海戦

勝ったとされる独国海軍編『北海海戦史・第5巻』（海軍軍令部訳）によれば、かれらは英巡戦の防御不完全を誹《そし》り、ドイツ軍艦の〝異常なる抵抗力〟を誇っている。

しかし、イギリス側も、ダメ・コンの観点からすれば戦艦、巡戦あわせて八隻、軽巡四隻、駆逐艦一〇隻を損傷と戦いつつ、見事に基地へ帰港させているのだ。そう馬鹿にしたものではない。

英巡戦「プリンセス・ロイアル」では、臨戦に先立って防御の用意おさおさ怠りなかった。ホーサー・マントレット、消防ホース、滑り止めの砂、担架、医療器械や薬品、塞栓など浸水遮防要具、損傷部の補強支柱用円材、電機装置・水圧装置の交換用予備部品など、応急戦闘に必要な器材はほとんどすべて準備していた。

戦艦「ウォースパイト」では、副長が艦内に入って防火班、修理班の総括指揮をとり、防御戦の先頭に立った。

同艦は、大口径砲弾一三発を被弾する。一弾は水線上三〇センチの箇所に命中、甲鈑の一角を吹き飛ばして浸水を生じた。しかし、副長の陣頭指揮でハンモック六〇〇本をその区画にドンドン投入し、破孔からの浸水をなんとか遮防するのに成功した。また一弾は後部主砲塔付近に命中し、消防主管《ファイアメイン》が破壊する。噴出した海水が運悪く発電機室に流入して電気系統をショートさせ、火災が発生した。幸い脱過に成功し基地近くに帰り着いたものの、まだ七ヵ所で延焼中。被害は甚大であった。

従来、英海軍においては防御のために遮断、閉鎖をするのは別として、中甲板以上の扉蓋はなるべく開放しておく定めになっていた。砲弾の炸裂ガスを膨張、拡散させる目的からである。だが、ジュットランド海戦での経験により、後日どこの箇所も「防水扉ハ完全、厳重ニ閉鎖スルヲ要ス」とルール変更した。
また敵弾によって損傷を被った場合、中甲板以下の防水区画へはその下方からよりも、むしろ上方から海水が浸入してくる例が多かった。そういう予想に反した浸水を防止するには、艦内構造にいっそうの工夫をこらす必要ありとの戦訓も得たようだ（『機関に関する戦史講義録』海軍大学校）。巡戦三隻沈没による貴重な代価である。

ジュットランド沖海戦で大損害を被りながらも応急防御が功を奏して帰投できたドイツの巡洋戦艦「ザイドリッツ」

英国艦船には非常のさい、防水、漲水専門の戦闘配置を有する機関部員がいた。これは、機関科が注排水には欠くことのできない大力量ポンプを所有していたから、と考えられる。

かたや、ドイツ巡戦「ザイドリッツ」は大口径砲弾二一発、魚雷一発を喰らったが帰投できた。これはすごい。前記ドイツ戦史では「艦長、副長および戦闘の試練を経たる部下乗員の優秀なる運用上の能力に帰すべきものなりき」と自賛して生還の大きな理由としている。「ザイドリッツ」だけでなく、戦艦・巡戦九隻、軽巡五隻、駆逐艦五隻が大きな損傷を受けながらも帰投しているのだ。

ドイツ巡戦の応急ぶりを見ると、戦闘の一時休止中に火災を鎮火させ、満水した火薬庫を排水し、敵弾の破裂によって屈曲した鉄板なんかは、酸素切断機を使って切断除去した。そして空中で切れた無線アンテナも再展帳し、信号揚旗線《ハリヤード》を掛け直すなど、つぎの戦闘開始まで、みんな、わき目も振らず損所の修復に働いたのだ。

火災と燃焼ガスによる被害は予想を超えていた。巡戦「デアフリンガー」では、出港直前、陸軍式防毒マスクの供給を受けていたが、装着訓練のいとまがなかった。そのため、発令所では伝声管を通じて入ってきた装薬火災のガスにより、一時退避せざるを得なかったという。

この点は、英海軍でも同様の教訓を得ていた。〈ガス防御〉という新戦訓だ。後日、火災とガスから身を守るための戦闘服装も制定している。

「ダメ・コン」の用語誕生

ジュットランド海戦時の英国艦船には、缶室通風路が敵弾のために破壊され、六インチ砲台からの発射火薬の火煙が、缶室に逆流した艦があった。また、煙突に損傷を受けたため、通風機が煤煙を吸入し、缶室の焚火員が一時退去しなければならなくなった例もある。いかにアーマーがブチ破られなくとも、搦手《からめて》から足を引っぱられてしまったのだ。こいつは、なんともまずい。

あるいは、〝応急上、電気修理隊を設置するを要す〟との意見具申を上げてきた艦もあった。これは、艦内防御に新しい時代が到来したことの報せである。聞き捨てならない。

日本海軍艦船で最初に〝電機〟を導入したのは、英国で建造した二等戦艦「扶桑」だった。明治一四年春までにシーメンス式直流五〇ボルト発電機を装着し、探照灯一台の光源に使ったのがソモソモだったという。つづいて大型艦に装載されていったが、駆動するためのエンジンはすべて蒸気往復動機関である。

発電機メーカーはやはりシーメンスが多く、当初の用途はランプと探照灯が主だったが、日露役ころには、戦艦、装甲巡あたりでは、主砲の旋回用、揚弾、水圧補助、送風機などにも電気モーターが使用され始めていた。しかし、捕獲したロシア戦艦「レトヴィザン」（捕獲後の「肥前」）では、発電量合計が五二八キロワットと、「三笠」一四四キロワットの約四倍弱もあったのだ（『日本の戦艦・下』泉江三、『帝国海軍機関史』原書房）。〝縁の下の力持ち的存在〟電機部門に大差あり、であった。

ジュットランド海戦時、独巡戦の砲火によって爆発した英巡戦「クィーン・メリー」

ウ〜ン！　われわれ日本人は、とかく表面的なできあがり、現象にのみ目が行きがちになる。わが海軍もこういう裏側への着眼、努力で遅れた。

とはいえ、主機械がタービン式になる

と大艦巨砲主義は大きく前進し、かつ高速力運転は補機の発達を促した。しだいに〝電機なくして艦は動かず〟の状態になっていく。戦闘のさいも、電機の応急修理は喫緊事となる。日本海軍も後追いで頑張ることになった。

明治四二年一〇月、艦内の人的組織を近代的にするため「艦内編制規程」をこしらえている。そして機関部は、機械部、缶部、電機部、それから補助機械の補機部に四分割して活動する体制にしたのである。

再度「ザイドリッツ」についてだが、同艦には防水隊、防火隊と呼ぶ建制の組織があり、その活躍には目覚ましいものがあった。「防水隊編制」は、副長を指揮官とし、機関科の非番直の兵員が隊員となって中央指揮所に待機していた。防火隊の編制、内容はつまびらかではないが、おおむね防水隊と同一であろうと、前出『機関に関する戦史講義録』は記している。

ともあれ、第一次大戦では艦内応急防御戦についても、いろいろ多くの教訓を生んだ。なかでも、「弾火薬庫さえ爆発しなければ、艦はなんとか持ちこたえられる」という自信、信念を得たことで、戦後、各国は水中防御にさらなる努力を注ぐようになった。

一九二四年（大正一三年）、米海軍のマニング造船少佐が応急防御のことを〝ダメージ・コントロール〟と言いだしたが、これがこの用語を初めて使った例ではないだろうか、といわれている（「世界の艦船」四三六集・「ダメージ・コントロールの歩み」海野陽一）。

すなわちダメージ・コントロールの真の意味は、軍艦の戦闘力の維持、回復にあるとしている。とりわけ戦後の米海軍はそのことに熱心だった。グンカンは魚雷一発、機雷一発程度では沈まないよう水中防御の強化に努め、水線上の砲弾被害に耐え得るのと同様の抗堪力を持つべく、建造されるようになってゆく。

しかし、このシステムを巧みに構築し、また運用するのは人間だ。つまるところそれを生かすも殺すも〝乗組員〟ということになる。

応急の頭《かしら》——運用長つくらる

日本海軍では大正八年三月一九日、艦船の種別とか乗組員の職名、主務などを定める「艦船令」に改正を行なった。そして、このとき初めて「運用長」の名称がつくられた。

「運用長ハ艦長ノ命ヲ受ケ、運用科員ヲ監督シ、戦闘ニ当タリソノ指揮ヲトリ、運用、応急、潜水作業オヨビ木具工業ニ関スルコトヲ担任シ、コレガ教育訓練ヲ掌リ、主管ノ船体、艦艤装品オヨビ兵備品ヲ整備ス」

と、新設〝運用長〟は他の砲術長、水雷長などと肩を並べる艦内の主要幹部になったのである。

かつ艦船令改定の翌日、三月二〇日に「艦内編制令」がつくられ、四月一日から施行されることになった。旧「艦内編制規程」の大幅改定であり、これまでの砲台、機関部など部署を基本とした艦内編制は、戦闘編制と常務編制の二種類に分かたれた。砲術科、水雷科などの各「科」が設けられ、〝運用科〟もつくられたのだ。運用科は水兵部員を主体に成り立ち、運用長を科長にいただき、運用科員をまとめて一個分隊とすることになった。

こうした規定に基づいて、大正八年四月一日、「戦艦定員表」のなかに、新しく「運用長」の名称が出現する。各戦艦には「運用長兼分隊長」として少佐が定められたが、間もなく中、少佐と改まる。格上げであった。空母、重巡などにも運用長が置かれたが、こちらは少佐、大尉である。チョッと軽い。

つづいて同年六月二三日に、軍艦乗組員各個の任務を定める重要な規則「軍艦職員勤務令」が、軍艦以外の諸艦船艇、航空隊、防備隊等でも準用する「艦船職員服務規程」と名を変え、大々的に新装開店することになった（ここのところ、規則、規程が多くなり、まことに恐縮。筆者、身を縮めて書いております。ご勘弁を）。

艦長の職務に始まり兵員のそれまで、六八七條目《じょうもく》にわたって詳細、綿密に定められた。このうちの保安、応急関係の業務、任務についての規定を見てみよう。まず、

「副長ハ常ニ火気ノ取締、防火防水排水ノ準備等ニ……注意シ……」

と、ここで初めて乗組職員の仕事として、副長の項に〝排水〟の文字が出てきたのだ。

つぎに「運用長ハ……艦内一般ノ構造ニ通暁シ特ニ運用オヨビ応急作業ニ関係アル諸装置、器具ナラビニ索具等ノ活用ニ関シ充分ナル研究練磨ヲ積ミ……。

運用科ノ部署ニ関スル訓練ヲ監督シコレガ方針計画ヲ定メ、実施ヲ指揮監督シテソノ熟達練磨ニ努メ、マタ運用、応急、潜水オヨビ木具工業ニ関スル一般ノ教育ヲ案画指導シテコレガ進歩斉一ヲ図ルベシ」と定めている。

さらに、「運用長ハ艦長マタハ副長ノ命アルトキハ、平常運用ノ諸作業ノ指揮ヲ掌ルベシ。時々錨、錨鎖、揚錨揚艇装置、動静索等、大ナル重量ヲ負荷スベキ物件オヨビ防水扉蓋、堰戸弁、通風弁、二重底空気弁、防火防水排水装置等応急作業ニ関係アル主管物件ノ検査ヲ行イ、ソノ成績ヲ艦長ニ報告」するのだ。

これら條目の新定、改定はみな、第一次大戦の戦況をみて「わが海軍も艦内防御改善の要あり、しからば」との発想であったろう。運用長は大声を発して号令する。「運用科、前へ進め！」

運用術練習艦の教育改革

従来、下士官兵の社会で隠然たる権力を握っていた掌帆長は、副長と航海長の指示、命令を受けて任務についていた。が、大正八年六月の艦船職員服務規程制定で、運用長が新誕生するとその配下に移った。これまでも掌帆長は錨や錨鎖、索具、円材などの整備、保存とか揚錨、短艇揚げ方など一般運用作業の実務監督・指揮のほか、防火、防水、傷者運搬など応急業務も担当してはいた。だが、この改正を機会に、

「防火防水装置ノ構造、来歴、性能、効力オヨビソノ現状ヲ知悉シコレガ活用オヨビ応急処置ニツキ充分ナル研究練磨ヲ積ムベシ」

と、ダメ・コン任務がいっそう強調されたのだ。

彼だけでなく船匠長も航海長の下を離れ、運用長の指揮下に転入する。船匠科特務士官あ

るいは准士官をこの職に充てることに定められた。

「船匠長マタハ船匠師ハ、運用長ノ命ヲ受ケ木具工業オヨビ潜水作業ノコトヲ掌ルベシ。マタ艦内一般ノ構造ニ通暁シ、カツ防水扉蓋、防火、防水、排水、通風、揚錨等ノ諸装置ノ構造、来歴、性能、効力オヨビソノ現状ヲ知悉シコレガ活用オヨビ応急処置ニツキ充分ナル研究練磨ヲ積ムベシ」

彼の職務も、かつてに比べて戦闘時のレスキューが強く押し出されてきた。

応急防御体制を整えるため、新設運用科はボースン（掌帆長）、カーペン（船匠長）を実務の双璧に配し、大いに整理、充実した陣容で再出発したのである。強いて言えば掌帆長の活躍舞台は上甲板、船匠長の舞台は中下甲板ということになろうか。

そうして翌九年七月二九日、全海軍軍人の階級呼称に改定があり、下士を「下士官」に、卒は「兵」と改称された。かつ下士官兵を総称して「兵員」と呼ぶことになったのだ。こういうことも、社会の平滑化を意図する大正デモクラシーの影響であったろう。階級制度も大幅に変更され、服装も改正された。

大正一四年一二月一日、一等海防艦「春日」を運用術練習艦に定め、さらに一五年一二月一日、運用術練習艦は運用術だけでなく航海術も教授するスクール・シップに変わる。以前は下士卒のみが教育対象だったが、このとき以後、将校教育も行なうことになったのだ。そして、兵科准士官以上を運用術練習艦学生、下士官兵を運用術練習生と呼ぶことになった。

運用術練習艦学生には航海学生、運用学生の二種が設けられた。

航海学生は「身体強健、実務ノ成績優等ニシテ高等ノ航海術ヲ修習サセルニ適当ナル才学、識量ヲ有スルト認メル海軍大尉マタハ中尉ニツキ航海長ノ素養ニ必要ナル学術技能ヲ修習セシメルタメ、海軍大臣選考ノウエ」命じられることになった。

一方、運用学生は「佐尉官、特務士官オヨビ兵曹長ノナカカラ特ニ運用術ヲ修習セシメル必要アル者マタハコレヲ志願スル者ニツキ学生ヲ命ズル」と規定された。修業期間は航海学生一年、運用学生六ヵ月である。

この学生任命、教育条件をよく読んでいただきたい。航海学生と運用学生とではその間に大きな差異がアリマス。なぜ？　差別か？

ここにじつは、艦内応急防御術のその後の発展に強くブレーキをかける因子が宿ることになる。あとで触れることにする。

ティルピッツ提督の提言

ところで、ジュットランド海戦においてドイツ主力艦は、その強靭な抗堪性で一躍名を挙げたが、そんな独海軍も発足当初はアーマーの調達をイギリスに依存していた。だが、一八九一年にクルップ社が装甲鈑の製造を開始するや、以後、ハーベイ甲鈑に優る甲鈑が製造されるようになった。これの優秀性は、本戦闘で明確に実証される。

一九世紀末から第一次大戦半ばまで一九年間海軍大臣の職にあって、海軍力拡張、増強に力を尽くしたティルピッツ提督が目指したのは、難沈度の高い主力艦の製造であった。彼は

独戦艦「カイザー・フリードリッヒⅢ」級の「カイザー・バルバロッサ」

「軍艦は傾斜さすべからず、ましてや沈没など論外。他の戦闘力要素はこのファクターに比べれば、第二義的なり」と高唱した。いかに大被害を受けても、浮かんでいるかぎり存在価値ありというのが主張の理由であった。

ティルピッツの登場以来、ドイツ主力艦の防御力は直接、間接ともにいちじるしく強化されることになったのだが、じつは装甲防御に関しては前ド級戦艦時代からすでに大きな特色を持っていた。

一八九五年（明治二八年）起工の「カイザー・フリードリッヒⅢ」建造で、〝防御上〟いちじるしい特徴を発揮している。その多くは、日清戦争で生起した黄海海戦の戦訓に学んだといわれているが、然りであろう。清国艦「定遠」「鎮遠」はステッティンのフルカン造船所で建造されたドイツ製軍艦だったのだから。

「カイザー・フリードリッヒⅢ」級では、艦の前後部での浸水を防ぐため、水線装甲鈑を艦首・尾部まで伸ばしてあった。とくに艦首部は、外板上部まで装甲を施したが、艦首波の侵入による前部沈下を極力抑えるためであった。これはドイツ主力艦ならではのやり方で、当時各国の多くが採用していた〝集中防御方式〟とは明らかに対照をなしている。

のみならず、船体主要部の水線装甲鈑の上方にも相当に厚い甲鈑を装着して、副砲の砲廓などに対する直接防御としてあった。また、敵弾が舷側を貫通した場合に備えて艦中央主要部全体にわたり、装甲鈑の内側に石炭庫を設け、命中弾の爆発エネルギーをここで減殺させる工夫がなされた。

独海軍のティルピッツ提督

そのほか、木材と可燃物の使用を局限し、木甲板を廃止してスチール・デッキの上に直接リノリウムを敷いている。主横壁には、絶対に扉（水防扉）を設けなかったし、防水区画の細分はもちろんだ。注排水装置をできるだけ強化し、損傷時には後述する傾斜復原法をとれるようにしてあった。

こうした防御配慮はド級艦時代に入るとさらに改良、強化され、後年のジュットランド海戦ではいかんなくその威力を発揮してゆくのである。

防御力が強化された独主力艦

ティルピッツ提言に基づく防御力強化策は、強力に推進、実現された。そんな艦例のいくつかを挙げてみよう。

戦艦「ヴェストファーレン」。一九〇九年（明治四二年）一一月竣工。とくに水中防御は実物大模型によるいろいろな実験の成果を取り入れてつくられた。縦通魚雷防御隔壁を設け、蜂の巣式構造による区画の細分化などが実施された。

戦艦「ポーゼン」。一九一〇年（明治四三年）竣工。このクラスの魚雷防御隔壁は、舷側の石炭庫内を縦通し、前後部砲塔に達している。また、水中炸裂被害を局限するため、水密区画の扉を廃止した。これも防御実験の結果から、もたらされた改革であった（「世界の艦船」増刊「ドイツ戦艦史」・写真頁）。

巡洋戦艦「モルトケ」。一九一一年竣工。新型魚雷が採用されたのに対応させ、水中防御をいっそう強化してある。魚雷防御隔壁を石炭庫と缶室の間に移し、その厚さを五〇ミリに増加した。またその上方に上甲板まで達する、弾片防御の隔壁を設けている。

そして、本書にもたびたび登場してきた、巡洋戦艦「ザイドリッツ」。一九一三年（大正二年）五月の竣工。水線甲帯はテーパーをつけて薄くした装甲が前後上下に伸ばされていた。下方では水線下一・七メートルで厚さ一五〇ミリ、上方は上甲板で二三〇ミリ、砲郭で二〇〇ミリになっている。また、この最厚部内側の舷側から四メートルの位置に厚さ五〇ミリの魚雷防御隔壁があり、これに接続して上甲板まで三〇ミリの弾片防御隔壁が設けられた。どれも刮目《かつもく》的な施策である。その防御力の強靭性はのちに第一次大戦中に実証されたが、基本構造は「カイザー・フリードリッヒⅢ」に学んでいるのだ。

ドッガーバンク海戦で砲塔に被弾したが、ただちに火薬庫に注水して事なきを得ている。その教訓から揚弾薬機の上下に〈自動防火扉〉を設け、各艦にも普及していった。これがさっそく、翌一九一六年、ジュットランド海戦で効果を発揮することになる（同前）。

軍艦の防御力強さの度合を示す数値として、排水量に占める装甲重量の割合があるが、初期の独ド級艦「ヘルゴラント」級が三六・六％で、最後の超ド級艦「バイエルン」級ではじつに四〇・六％に達している。

ジュットランド海戦で多量の浸水に耐えて帰投するドイツ巡洋戦艦「ザイドリッツ」

これに対し、英戦艦はだいたい一〇％弱少ない状況であり、ドイツ戦艦の直接防御の強固さが窺《うかが》える。加えて間接防御力への十分な配慮だ。このあたりに〝ドイツ式防御〟の強さがある。巡洋戦艦においても、ドイツ艦は英戦艦に匹敵する装甲を備えており、十分な間接防御対策と相まって、ジュットランド海戦ではいちじるしい強靭性を発揮したのであった（「世界の艦船」：増刊「ドイツ戦艦史」・阿部安雄）。

新ダメ・コン戦法——注排水法

さて、各種の艦艇が戦闘その他で沈没にいたる原因、状態を大別してみると、

①火薬庫爆発のため、艦体が切断して一瞬時に消え去る沈没、いわゆる轟沈。

②弾丸、機雷、魚雷の爆発により、艦底、艦腹に破孔を生じ、海水が艦内に浸入して重量が増加し、次第に予備浮力を失ってついに沈没する場合。

③前記原因により浸水したとはいえ、なお浮力は現存していた。にもかかわらず傾斜が甚だしくなり、艦体の平衡状態を失って転覆、沈没する場合。

おおむね以上の三種に分けられよう。だが、①の場合は乗員の努力ではいかんともなしがたい。

しかし、②、③の場合、とくに③の転覆沈没の場合は、設計時の間接防御上の工夫、乗組員の応急努力によって危機を乗り越え、戦場を脱出して根拠地に帰還し得る望みがないではない。いや、大いにある。

転覆は浮力の喪失によって海面下にブックするのではない。たんに一時的浸水のため船体が傾いてバランスが崩れ、さらに傾斜が大となって多量の海水が侵入、重量増加で沈没してしまうのだ。もし、傾斜がまだ小さく、策を施せる余地があるうちに迅速適切な処置、すな

わち「艦体傾斜修整法」を採れば艦艇の喪失を防ぐことができる。

したがって、とりわけ戦闘中は、沈没防止のための最大急務は敏速な艦体傾斜矯正手段の実行だ。「注排水装置」を活用しての応急作業の一分野、「注排水法」の実施である。

本方法を実際に適用するについては、
①傾斜した側の反対舷、かつ重心対称の区画に急速海水注入を行ない、そこに重量を付加して左右、前後の傾斜を復原する手段をとる。
②重量物を反対舷に移動する。
③傾斜舷側《がわ》にある重量物品を浸水区画に急速移動あるいは投入し、その区画の空間を減じて浸水量を制御する。
④最大舵角をとり、片舷機械での航行をする。
などが考えられた。

いずれも応急的処置法であり、さらに進んで浸水孔の閉塞やら、浸水の排除に努めることは当然だ。北海海戦のさい、英艦「ウォースパイト」が水線下の損傷区画に、釣床やら腰掛なんぞを急ぎ放り込んで塡塞したのは、③の好例であろう。

〝注排水防御法〟は、ドイツ海軍でまず発達し、のちに米英海軍が着眼、戦艦さらに空母へと徹底的に応用、実施した技術だとされている。

魚雷や弾丸により甲鉄下部の水線下に浸水を生じたさい、大穴の開いた箇所は当面どうにもならないことが多い。だから本法は、それよりまず傾斜をコントロールしよう、あわせて浸水した区画から隣接する箇所への漏水、流入を防いで艦を守ろう、戦闘を継続しよう、そういう新対処法なのであった。

艦が傾斜するとせっかく設けた装甲重防御も、じつはとんでもない状態を引き起こす。反対舷側甲鉄は位置上昇して、防弾の役を果たさなくなる。またある程度より傾斜が増すと、主砲塔の揚弾、装塡、旋回も不能になり、攻撃戦闘力を喪失してしまうのだ。

そしてまた、反対舷への注水とともに採られる排水処置では、圧縮空気を当該区画にブローして浸水を急速排出する。またあるいは艦内重油の前後移動によって、トリムを矯正する方法もとられる。

こういう手法が第一次大戦以後、ダメージ・コントロールのもっとも重要な一部をなすようになってきたのである。戦艦ほか大型艦の応急防御面での、特長といえるシステムになってきた。

ジェリコー提督の防御論

先記、英海軍のジェリコー提督は第一次大戦終戦直後の一九一九年（大正八年）一月、ドッガーバング海戦およびジュットランド海戦に関し、『英国大艦隊』と名付ける一書を著した。そのなかで主に防御の観点からは、要約、要旨左記のように振り返っている。

「われらが旧式巡洋戦艦は敵の同種艦に比べると、装甲防御は不完全であった。

装甲防御と砲熕威力との相対的価値は、余がかねてより深く研究し来たったところである。

これについては海軍関係論者の間でもたびたび議論の中心問題となり、戦前ある論者のごときは〝最良の防御は、最強の攻撃に有り〟……と言い、〝船体は事実上、無防御にて可なり〟とまでの極端な論をブチ上げるまでにいたった。

……しかしながら戦闘経過は、たとえ砲力において優っていても防御力の不完全なる軍艦は、到底いちじるしく優大な防御力を有する艦の敵ではないことを敵味方に等しく首肯させたのである。余も勿論同感である。

……独艦の多数は沈没した英艦よりもさらに多数の砲弾、魚雷、機雷を被っていたにも拘《かか》わらず、われわれが使用した徹甲弾の威力が小かったことと、いま一つはかれらの防御力が有効であったため、沈没を免れて無事、自港に避退していた。後になりこの事実を知って、ますます余の確信は強固となった。

……わが海軍当局もまた、独の特質点は、装甲防御の大と魚雷兵装の優越に在るのを知悉《ちしつ》した。かつまた独艦が、一定の馬力にたいして重量がはるかに経済的な水管式汽缶を装備し、これによって剰余した重量を船体防御の増加に振り替える、という二重の利を納めていたことをも覚知した。

戦艦については、英海軍に比し独軍の装甲防御に用いた重量ははるかに大である。彼のド級艦はすべて舷側甲鈑を上甲板まで装着していた。甲板防御は、独艦はつねに英艦より重くしかも大、防水区画は一層完全であった。巡洋戦艦も同様である……」

と語るのだが、ジェリコーの論述はさらにつづく。

「要するに独艦が防御力を増大する方向に向かったのに対し、わが英艦はつねに口径の大なる砲塔砲を塔載することに努めた。ただし、独艦は副砲において英艦に優っていた。……また特に重大にして注目しなければならない点は、独艦が高爆薬徹甲弾とともに優れた遅動信管を有していたことだ。当時の英軍弾丸が独艦の厚い装甲に命中するや、その衝撃の瞬時または貫徹中に爆裂するのに反し、独艦弾丸は英艦の装甲を貫徹し、艦内部において確実な爆裂を生じたことである。

そのうえ独艦構造の特長的なのは、

1　艦体内部における装甲防御区域を延長し、多くの部位でその厚みが増大されている。

2　艦の外殻より内部装甲までの距離すこぶる大にして、その結果として水中攻撃に対する防御力を増大している」

とおおむね上記のように述べたのだ。

本書の邦訳（訳者「臨時海軍軍事調査会」）が水交社から出版されたのは大正九年（一九二〇年）一一月であるが、ただ、間接防御の一種である「注排水法」「注排水装置」についてまったく言い及んでいないのは不思議というか、驚きだった。前に記したように戦争が終わってまだ数ヵ月の時期での著述である。そこまで綿密な調査、研究が進まなかったのだろうか。だが、ともかく独艦に比して英艦は、防御力の点で劣っていることを反省的に認めたのであった。

そして、彼だけではなかった。巡洋戦艦艦隊司令長官であったビーティー中将もこの防御問題に深刻な反省を加え、ジュットランド海戦後、麾下につぎのような訓示を発していた。

「各艦長に注意を喚起したきは、艦左右の釣合いについてなり。交戦中、艦の一区画に浸水あれば、釣合いを維持するため、即時適当なる処置を講ぜざるべからず。

この問題はあらかじめ充分に研究し置くを要す。先に敵魚雷にかかり、覆没せるわが艦中、すくなくも二艦は実にこの点に対して用意の足らざりしによる」（「機関ニ関スル戦史講義録」海軍大学校）

と、間接防御について目を向けていたのである。

あわせて記せば、ドイツ海軍の用心深さは装薬の保管にも現われていた。一発分を主副の二つに分け、主薬は真鍮製容器に入れ、副薬は絹ケースに包んでから薄い鋼製容器に入れておく。射撃のさいはいちいちここから取り出して装塡したのだ。はなはだ煩わしかったが安全第一であった（「世界の艦船」：増刊「ドイツ戦艦史」〈ドイツ戦艦の技術的特徴〉阿部安雄）。

米海軍の水中防御強化

ところで米国海軍は、一九〇一年、セオドア・ルーズベルトの大統領就任によって、以後飛躍的な増強を開始した。戦艦勢力は、ド級艦の出現直前には英海軍に次いで世界第二位にのし上がっていた。

そして大正一一年のワシントン会議により、戦艦、航空母艦の兵力は英国と同等で名実ともに世界第一の海軍国となった。その戦艦群の特色はたんに攻撃力、装甲の増強に努めたの

艦内側にバルジを設け水中防御力を強化、応急関係指揮装備も向上した米戦艦「ニューメキシコ」

みならず、水中防御にも力を入れていたことであろう。

米戦艦は一九二〇年代の大改装で、「ニューヨーク」級、「ネヴァダ」級、それから「ペンシルバニア」級は、両舷外側にバルジを装着して魚雷の爆発位置を少しでも艦の致命部から遠ざけようと図った。かつ、舷側装甲の装着に徹底した「集中防御方式」をとったのである。水中防御の強化を企図したのだが、後年「ネヴァダ」は日本海軍の真珠湾攻撃時、魚雷一本を食った。バルジと外板と二重底内底板を破られ、防水隔壁も凹みはしたが破れはしなかったという。しかし凹入により隔壁のリベット接合部がほころび、重油と海水が内部に充満したといわれている。

オッと、話が少々先へ滑りすぎたか？

「ニューメキシコ」級も水中防御力が強化され、バルジが艦の内側に設けられた。また、艦内タンクの注排水による傾斜復原等、応急関係指揮装備も進歩向上させている。

「テネシー」級と「コロラド」級には、米戦艦独特の水雷防御法、すなわち重油の層と空所を交互に配置する堅固な〈多層式水中防御方式〉を採用して全きを図っていた（「世界の艦船」：増刊「アメリカ戦艦史」）。ともかく、米艦は昔からシブトく、タフだったのである。それに反して日本は、日本海軍は……。

日本にも「注排水防御法」？

一九二〇年代のそんなころ、日本海軍とても、まるっきりボヤボヤしていたわけではないのだ。応急防御に関し、意外な事実があった。

兵学校の機関術教科書「艦艇機関取扱法」（大正一一年二月刊）に機関科の指揮系統が記載されているのだが、機関長の指揮下に工業部指揮官がおり、さらにその配下に〝注排水作業分掌指揮〟と〝応急作業分掌指揮〟の二人がいることになっている。

同書によれば、応急作業について、

「戦闘に臨むまえ、諸排水ポンプは迅速に使用し得るよう準備しておき、なし得ればその吐捨口は開き置くを要す。

また大浸水に対する処置は防水隔壁を以ってする場合多きも、室内に応急の作業を施すの必要もまた少なからざるべきを以って、浸水駆除装置は常に整備しあるを要す。

機関科甲板作業員は機関科以外の防火、防水その他の応急業務および運弾薬補助などに従事する者にして、その目的に適応し且機関の運転を妨げざる範囲において固有または臨時に編成し、運用長の指揮するところに従い、所要の各部に配し各上官の命を受け服務せしむ」と、文語調のややこしい表現だが、機関科関係のダメ・コン概要を定めてあったようだ。

また、同科の指揮系統を表示して機関長の下に、

機械部指揮官　缶部指揮官　電機部指揮官　補機部指揮官　工業部指揮官

の各部指揮官を置き、別途、機関長の任務を直接補佐する初級士官の機関長付と、特務士官か准士官の掌機長が配置されていた。

各部指揮官の下にはそれぞれ運転下士官、汽醸下士官、電機部下士官、補機部下士官が配置され、各部署の中堅として働いていた。ところが、前記したように工業部は指揮官のもと、さらに注排水作業部と応急作業部とに分かたれていた。

この配置区分・指揮系統は戦闘編制を示したものだが、〝注排水作業分掌指揮〟の出現には、いささか驚きであった。艦内編制令には、注排水などについての規定はまだマダない時期なのである。そしてその指揮には、機関長付が兼務で当たると定められていた。〝機関長付〟とは、機関学校を卒業した若手の機関中少尉が任命される職務だ。航海科や砲術科の航海士、砲術士に相当する役柄である。

法規化されていないシステムが、艦船部隊の現場では機能している。いったいドーなっていたんだろう？　もっとも、「艦内限りでの、非公式実施」という例はほかにもあるにはあった。それに、「日本海軍、応急教育を開始」の項で記したように、明治四〇年から工機学校で、一部の機関科練習生に対して、〝排水、漲水〟に関する教育を開始してはいたのだが。

ウーン分からない。

「注排水防御」を軽視？

第一次大戦が終息してしばらく経った大正一二年一一月から翌一三年七月にかけ、わが海軍造船界の大御所・平賀譲造船少将（のち技術中将）は欧米に遊んだ。帰国後、その折の所感をまとめて『欧米視察所見』（『平賀譲遺稿集』内藤初穂編・所載）なるリポートを提出している。

大戦では、主力艦の砲戦距離は日本海海戦当時の七〇〇〇～八〇〇〇メートルから一挙に一万数千メートルに伸び、弾丸は大きく放物線を描く大落角弾となって敵艦に命中する。ジュットランド沖海戦では、英海軍の巡戦は三隻が砲塔の天蓋をもろくも撃ち抜かれ、火薬庫が爆発してあっけなく沈没した。戦訓は砲力増大に加えて、防御力強化という新しい課題を提起した。

したがって艦の主要部上面を集中的に守り、かつその周囲を厚い甲鉄で固め、以外の前後部は多数の防水区画によって浸水の拡大を防ぐ、という方式がとられるようになっている。それは「集中防御方式」と呼ばれ、ポスト・ジュットランド型主力艦構造の典型となっていた。

そんな現実を踏まえての平賀視察であった。報告は、

「……航空機よりの爆弾、魚雷に対しては、近い将来に至りては巨弾および魚雷に対する防

苦心のすえ、水中爆発防御構造を採用した重巡洋艦「妙高」型。写真は艤装中の「妙高」

御を以って足りるということは、大体各国共通の説なりと認められる。

要するに防御力の考究としては、依然巨弾に対するもの第一にして水雷これに次ぎ、その他の問題ははるかに下がって第二、第三段の次元のものなるべし。

潜水艦あるいは駆逐艦の水雷または機雷に対しても、今日の程度にては特に恐れるべき理由なし。同様に飛行機の爆弾についてもまた然り。防御力は、火薬庫のような特殊のものを除けば、最後の手段を水防区画に委ねるの手段あればなり」

との見解の披露となった。新鮮味はない。防御に関しての、〝応急注排水〟などという作業・装置についてはなにも言及していない。ひとえに、直接防御の重視だ。「『マルボロー』遭難の実例によるも、水雷の威力案外に小なるものの如し」と、低評価しているからか。

のち（昭和四年七月）に彼は、「金剛」代艦私案として〈設計〝X〟詳細案〉を出しているが、ここでも「敵弾オヨビ水雷ニ対スル防御ハ、主トシテ戦時必要ナル重量物ヲ保護スルニ止メ、艦ノ浸水ヨリ生ズル危険ハ重量軽減ノタメ、諸仕切リヲ増加スルコトニヨリ是ヲ補ウコトトセリ」としている。

そんな平賀博士だが「妙高」型の設計に当たっては、艦型上からは困難だが、日本の経済力を考えるとこの艦に消耗品的性格を持たせるには忍びないとし、苦心のすえ、水中爆発防御構造を取り入れた。

水線下の形状は「古鷹」型同様バルジ型だが、防御力増加のため内方に防御縦隔壁を設けている。しかし、この隔壁では魚雷に対し防御力が不十分なので、隔壁の前面に水防鋼管を装着する必要があった。だがその重量二〇〇トンを、基準排水量一万トン以内に収めるだけの余裕がなかった。そのため、パイプは戦時必要の場合に搭載することとし、平時は搭載せず、基準排水量中に含まれていない。苦肉の策である。

わが重巡のこの点が、外国の重巡と違う大きな特長の一つだ。しかしながら、一万トンの重巡という大きさと寸法からくる制約はいかんともしがたく、防御構造の一部に設計上無理が生じ、弱点となったのはやむを得なかったとされている（『海軍造船技術概要』今日の話題社。「世界の艦船」二二六集：「日本軍艦の防御力は優れていたか」松本喜太郎）。

ここで想い起こすのは、〝無理が通れば道理引っ込む〟という諺なのだが……。

第二章　昭和戦前期の艦内応急防御戦

軍備制限研究委員会の研究

昭和二年（一九二七年）六月二〇日から八月四日まで、ジュネーブにおいて日、米、英三国の軍備制限会議が開かれた。だが今回は、巡洋艦問題で英米が意地を張り合い、妥協に至らず中止になった。

しかし、ワシントン条約は存続している。その条件下でどのようにわが海軍軍備を保有すべきか、昭和二年一〇月一五日付で「軍備制限研究委員会」が発足した。一年後の、三年九月下旬、野村吉三郎委員長（中将、のち大将）から岡田啓介大臣に研究結果の答申報告がなされている。

要約してみよう。

海軍が国防上の責務をまっとうするためには、第一に来攻敵主力艦隊を撃滅し得る兵力の整備が必要だ、とまず軍備目標を掲げた。ついで具体的な施策を示したが、主力艦の防御関係については、つぎに記すような事項、内容を挙げている。

①量的劣勢を戦術・戦闘技術の優をもって補おうとする帝国海軍においては、それらの優秀さを発揮する決戦に入るまでの前段期間、また決戦中、敵の攻撃によく耐え得る防御設備の装着、保有がきわめて重要だ。

②その防御方式、設備を大別すると、つぎの二種になる。

㋑直接防御　敵砲弾あるいは爆弾、魚雷の加害を直接防ぐ施設で、装甲鈑、水中爆発防御設備などがこれにあたる。

㋺間接防御　空き場所の保有とか船体の区画構成などソフトの工夫により、貯蔵している危険物の誘爆防止を図る手段、方式。これを細分すると、

○弾火薬庫の誘爆抑止のための防焰、注水装置

○機械室、缶室、管系統、電路の防護施設

○防水区画の設置、傾斜復原装置

を設けること等が挙げられている。

なお二〇センチ砲搭載巡洋艦、軽巡も基本的には戦艦に準ずるとされていた（防研戦史『海軍軍戦備・1』）。

以上のような研究結果を得て、海軍は今後の軍備計画の基礎的構想を固める資料にし、昭和五年のロンドン会議に臨む準備を進めていったのだ。第一次大戦の戦訓を踏まえて斬新な思想が盛り込まれている。間接防御の重視、とくに傾斜復原施設を装備するなど、前に記し

た平賀造船官の所見より一、二歩前進しているといえよう。

「水中防御」に後れをとる？

ワシントン、ロンドン両条約は加盟五ヵ国の海軍に、条約で許される範囲内での個艦性能充実、改善促進、さらにはそれを深化させる結果を生じていた。なかんずく主力艦の改装に意を注いだのは、各国海軍とも同様だった。とくに防御施設についてその感が深い。

英国では一九二三〜二六年の間に「リナウン」の第一次改装を行なった。従来のバルジの上にさらにバルジを追加して水中防御の強化を図っている。「クイーン・エリザベス」も一九二六〜二七年に第一次改装を実施し、前者と同様目的でバルジの装着が行なわれた。一九二七年六月竣工の「ネルソン」「ロドネー」は、ネイバル・ホリデイの期間に建造された唯一（唯二？）の戦艦である。したがって、その設計は英国だけでなく、それを鵜の目鷹の目で睨んでいた日本を含む諸外国の造艦技術に大きな影響を与えた。徹底的な集中防御方式をとっており、水中防御として水線下の船体内部にインターナル・バルジを設けているのが特徴だ（「世界の艦船」：増刊「イギリス戦艦史」）。

ところで改装後の戦艦の船腹（喫水線下）には、膨らみが見られるようになった。前記した〝バルジ〟だが、以前からの船体本体の主要寸法を変えずに排水量を増加させ、魚雷の爆発にたいし、その威力を減殺するのを主目的に取り付けたものである。艦首方向から眺めると、中央部が膨らんでいる洋樽《ビヤダル》（bulge）に姿、形の似ているところに語源があるらしい。

日本戦艦のバルジも英戦艦のそれによく似た構造をしている。が、「ネルソン」のようにこのバルジを建造当初から外板の内側に組み込んで造った艦もあり、こういうのがインターナル・バルジなのだ。

しかし日本海軍では、戦艦改装にあたっての〝水中防御強化〟は、列国に比べて若干立ち遅れたようである。なぜか？

既記した平賀博士は、軍艦デザイナーとして攻撃力をきわめて重視した。それはそれでよいのだが、彼の権威があまりにも大きすぎたため、その発言が周囲人士の防御力への関心、意欲を希薄にさせたと言わざるを得ない（『牧野茂　艦船ノート』牧野茂）――との見解もある。

しかしまた、別論だが日高謹爾海軍少将は昭和二年五月、「ジュットランド海戦の研究」と名付ける書を公刊した。その末尾に〝海戦余禄〟との一項を設け、追補的な論考を掲げている。

「魚雷恐るるに足らず。あゝ、戦闘に従事すること一二時間、これに参加せる艦艇二六〇隻、魚雷発射数一八二発。しかして雷撃の犠牲と化したるもの驚くなかれ、僅々二隻、しかも参加艦艇中最旧式に属するものならんとは」と謳い、さらに、

「『マルボロー』が艦首に雷撃を受け、艦首より甚だしき傾斜を示した……。同艦には全吃水を不当に増加することなくして、艦の左右または前後の傾斜を正すに適切なる施設がないのである。

（とはいえ）これが適切なる施設は『マルボロー』には有用であったかも知れないが、必須のものではない。この施設を装置せば、すべて爾余の主力艦はいずれも不必要の重量と錯綜をもって不利を被ったであろう」

水中防御として船体の内部にインターナル・バルジを設けて建造された英戦艦「ネルソン」。1927年６月に竣工

と、自説をさらに展開してゆくのである。端的にいえば、艦の前後、左右傾斜を修整するための装置など無用のもの、と言い切っているのだ。「インディファティガブル」などの巡戦の沈没原因は軽装甲に由来している、と断じている。

そして魚雷威力の増大を図るため、その大口径化を企図することは、それを搭載する小艦艇には過大な重荷となる。ましてそうした魚雷を航空機に積載することなぞ、ますます不可能な企て、烏滸《おこ》の沙汰だとしているのだ。

さらに彼は、「……戦艦および巡洋戦艦等の大軍艦は、依然として今なお制海権獲得の基礎である。おそらく今後も亦然りであろう。吾人は砲の口径を拡大し、速力を増進し、吃水線の上下における装甲防御を充分にし、益々大艦の改良を行なわなければ

ならぬ……」と絶叫しているのだ。ウ〜ン⁉

同書は太平洋戦争のさい、わが海軍が真珠湾攻撃、マレー沖海戦で航空機による対戦艦戦で勝利するわずか一五年前の述作なのである。将来を見通すことのいかに難しいかを示す一例になるであろう。先の平賀見解もその範疇から洩れない。しかし、大正末期から昭和にかけてのあのころは、こういう考えが一般的通論だったのかも知れない。

日高少将は海兵二六期の卒業、海大甲種学生を卒《お》えた後は軍令部、海大教官の勤務が多く、大正九年から約一年間欧米に出張した経験を持っている。大正一二年、予備役編入。

ともあれ、日本海軍が水中爆発に対する間接防御に手ぬるかった一因はこのへんにもあるであろう。だとすると、先の軍備制限研究委員会の研究成果は達見と言えるのではないか。

海軍工機学校の再興

昭和三年六月二五日、ここの卒業者が艦内応急防御戦の重要な一翼を担う、「海軍工機学校」が再再建された。

じつは本校の成り立ちには、ここまでに至る間に幾多の紆余曲折があった。機関科士官を養成する〃生徒教育〃の学校として、海軍機関学校が兵学校から分離独立したのは明治一四年である。ついで、一七年一二月、木工《もっく》、機関工である機関科下士卒に対しても〃機校〃は特種教育を開始した。

それを「練習生」課程と称したが、明治二六年一一月、同課程は機関学校より分離、独立して海軍機関工練習所を名のった。さらに同所は三〇年九月、海軍機関術練習所と改まる。そしてまたも四〇年四月、同所は廃止され、海軍工機学校と看板を変えたのだ。このとき、下士卒に対する掌電機練習生コースも開設された。

さらに世が大正に変わるとその三年三月、工機学校は廃止となり、生徒教育を行なっている機関学校で、ふたたび練習生教育を実施する方式に戻った。そうして、昭和になるとまた本制度は改定され、海軍工機学校再興となったのである。まったく目まぐるしかった。が、以後は、太平洋戦争に敗北する直前の昭和二〇年三月まで、同校は消えることなく存続する。

数種類あるこの練習生教育のうち、艦内応急防御術に深く関係するのは〝工術〟系統の課程であった。初代の工機学校開設のころは、かれらを〝掌工練習生〟と呼んで鍛冶工術、機械工術、銅鉄工術、兵器工術のいずれかを専修するコースへ分進していた。

さらに、工機学校から練習生教育が機関学校へ移ると、大正八年七月、「特修科工術練習生」課程が新たにつくられた。これは「工術練習生」課程の上に置かれ、「直接工作指導者タルニ必要ナル技能ノ要訣ヲ修得セシメ艦船ノ工業部ニオケル重要ノ配置マタハ教員ニ充テ」る兵員の教育を行なうコースとされた。そしてこのコースでは、教科の一部として「機関術大意、通風、排水、漲水、防水、防火、防弾ニ関スル諸装置、工用理学、工用算法、応急処置法」を学ぶことになった。

特修科工術練習生設定は工作関係部門の重視にほかならないが、科目内容から推して、かれらに〝中堅応急員〟としての活動を求めだしたためでもあろう。開設は第一次大戦終戦間もなくなのだ。

艦内に「工作科」誕生す

昭和三年一二月、艦船内に「工作科」が誕生することになった。これも重要な組織改正である。今までの工業部は機関科の居候的存在だったが、晴れて一軒の家を持ったわけだ。工作科の編制と任務が艦内編制令、艦船職員服務規程により、バッチリ定められる。

科長である工作長については、

「工作科ノ部署ニ関スル訓練ヲ監掌シ、コレガ方針計画ヲ定メ実施ヲ指揮監督シテソノ熟達練磨ニ努メマタ工術オヨビ潜水術ニ関スル一般ノ教育ヲ案画指導シテコレガ進歩斉一ヲ図ルベシ」

と、重々しく一般的任務、責任が規定された。そして彼の実務上の、主要な幹部部下たる掌金工長、掌木工長が置かれることになった。

掌金工長はいわば鉄工場の作業主任だ。平常は旋盤やボール盤などを使う金属工業の業務をつかさどるのだが、一方、戦闘応急に従事するため、「排水、注水等ニ関スル諸装置ニ通暁シ、掌木工長ト意思ノ疎通ヲ通ジ、業務上モ連絡ヲ密ニシ、担当ノ応急装置ニツキ十分ナル研究ヲ為シ置クベシ」と規定された。階級は特務士官もしくは准士官。これは応急防御の観点からは重要な改正である。前項に書いた特修科工術練習生の開設は、この要員養成の意図もあったであろう。

掌木工長は、これまでは運用長の配下にあって、船匠長と呼ばれていた特務士官もしくは准士官である。今回の改定で運用科を離れ、工作科に移ったのだ。とはいえ平素の担当業務そのものに変化はなく、「工作長ノ命ヲ受ケテ木具工業オヨビ潜水作業ノ実務ヲ掌リ兵員ヲ監督スル」ことにあった。

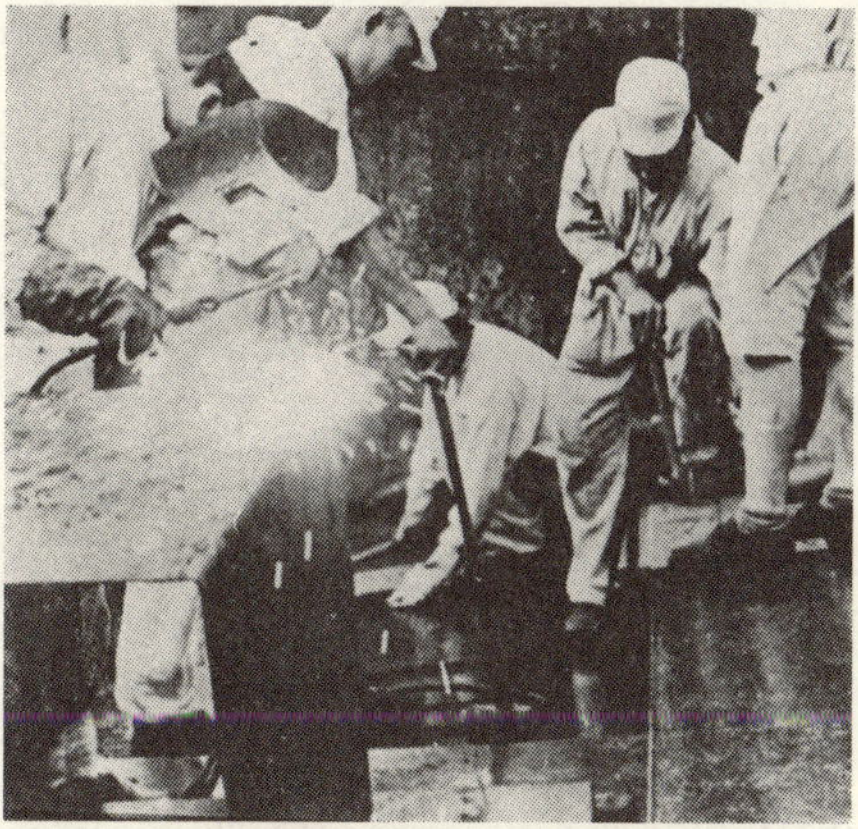

昭和３年に艦船内に工作科が誕生した。写真は艦内で溶接作業を行なう工作科の科員

したがって、工作科に所属する〈工業員〉は金・木の二通りに分かれ、戦闘時には工作長は〝工業部指揮官〟と呼称される。そして、金属工業員には、これまで機関科分隊にあって船体、兵器、機関等の応急修理に従事していた機関兵員が充当されることになった。木具工業員の方は運用科分隊に所属して船体、木製の船具、兵器等の応急修理に従事していた船匠兵員たちで編成することとなった。すなわち工作科は機関兵と船匠兵の混成になったのである。

だが、二年後の昭和五年一二月には、兵種もすべて機関兵に統一する。元来、船匠兵の練習生教育は機関学校、工機学校で行なっていたのだから、これは当然の流れであったろう。ああ、ヤヤこしい。読んでいて面倒くさくなったでしょう。ご勘弁を……。

英海軍ではジュットランド海戦の経験から、機関部員には潜水作業の教育を施すことが絶対に必要との戦訓を得ていた。それは、防水作業には工業の知識、技術を持つ機関部員の手を要する場合が多かったからだという（『機関に関する戦史講義録』海軍大学校）。この教訓から、わが海軍でも船匠兵を機関科分隊に所属させることにしたとも考えられる。それにしては、チョッと遅いような気もするが。

「応急注排水」を否定⁉

たいていの軍艦ではメイン・サクション（Main Suction）と呼ばれるパイプが、艦内のほとんど全長にわたり走っていた。各区画に支管が分岐され、駆動のためのポンプは通常最下甲板にあり、各パートの排水が主目的であった。だが、必要時には逆に海水を吸い込み、艦内へ放出、注水できるようにもなっていた。燃料や真水を消費してタンクが空となり、いわゆる軽荷状態に近づくとトップヘビーの状態になって、フネの安定性に悪影響を及ぼす。それを防ぐため、二重底のバラストタンクに海水を注入することがあるからだ。「注排水管」と称される所以である。

またこの配管系統は、艦内すべての消火ポンプ、ビルジポンプ、その他のポンプ、それから機械室やボイラー室に装備されている海水ポンプに接続できるので、はなはだ便利であっ

海軍は条約により廃艦が決定した新鋭戦艦「土佐」を使ってさまざまな防御実験を行なった。写真は実験終了後、海没処分を待つ「土佐」

た。

第一次大戦のとき、英独両国は数度の大海戦で主力艦が大被害を受け、防御上身にしみる貴重な体験を得ていたが、遠く離れたわが国では適確な情報が得られなかった。

そこで、条約により廃艦となった進水済みの戦艦「土佐」を使って、大正一三年から豊後水道沖で魚雷、機雷、弾丸、爆弾の撃ちこみによる徹底的実験を行ない、当時の新鋭戦艦の防御効果の究明に挑んだ。この結果、各区画の損傷状況、浸水程度が判明し、実戦時のダメージを推測することができた。

だが、海外から洩れ聞こえてきたところによると、諸国の軍艦に新たにできた設備、新規構造は二、三に止まらないようであった。バルジもそうだが、なかんずく被害、浸水により生じた傾斜を復原させる目的の「応急注排水装置」は、間接防御法として注目すべき

藤本喜久雄造船少将

ものといえた。この注排水管の運用を組織的に管制して、より機能性の高い応急防御の達成を狙ったシステムであった。

英、米、ドイツではこの装置を設けて実験を始めており、このことが文献にも掲載されていた。しかし日本海軍では、艦艇建造にあたって、艦内に故意に注水して安全を保つ装置の設備など、かつては夢想もし得ない手段、方法であったようだ。本書でもすでに、そんな方式への否定意見の一、二を掲げた。

とはいえ、わが首脳用兵家、造船官の全部が全部、この応急注排水装置の設置に反対していたわけではない。

英才の名の高かった藤本喜久雄造船少佐（のち造船少将）は大正六年から四年間イギリスに留学、グリニッジ海軍大学校で勉強した。そのかたわら第一次大戦の戦訓の調査研究を志し、帰朝後は計画主任の多忙な激務についていたが、時間を割いてジュットランド海戦の研究を継続し、これをまとめた。

結果、ドイツ軍艦の「応急注排水装置」の有用性に着目し、その導入を提唱したのだ。しかも、ドイツ海軍に範をとった米海軍の「ダメージ・コントロール教範」を入手するや、早速これをも完訳して用兵家等の注意を喚起した。が、なお反対舷注水による応急手段の導入は、残念なことに容易には受け容れられなかった（『牧野茂　艦船ノート』牧野茂）。

日露戦争で戦艦「八島」が触雷したとき、坂本一艦長は左舷ウイングに注水して傾斜を直そうと努めている。また巡洋艦「高砂」が座礁したさいも、石橋甫艦長は右舷への非常注水によって危機を逃れようと図った。いずれも成功しなかったが、現場の責任者は臨機にこういう応変的発想をしていたのだが……。


〝傾斜復原作業〟かかれ！


とはいえ、日本海軍も浸水と沈没の関係についての研究は行なっていた。艦内では、注水やそれにより生ずる遊動水面の影響などは、まったく問題とするに足りない。理論的計算および技術研究所で行なった模型実験によると、被害で浸水しても艦が直立を保っている状態であれば、予備浮力の大部がある間は沈没することはない。これに反し、傾斜が生じそれを復原させせないときは、僅少な被害浸水で艦は転覆するものであることを証明していた。

しかも英、独、米等では早くから「応急注排水装置」を実艦に装備して、傾斜応急訓練中の写真なども見受けられている。となると、これは見すごせない。

昭和五年一二月一日、「工機学校教育綱領」の中に示されている、初級機関科士官のための課程「普通科学生」の教科中に、「工術」として、〝工術一般、潜水術一般〟の二項が加えられた。従前は機関術、電機術、兵器学の三科目のみで工術など見向きもされなかったのだが、一歩前進であった。

そしてこの日、同日付けで刊行された工機学校普通科学生用の「機関術（機関要務）参考書」に記載されているところによると、「軍艦部署標準」の「防水部署第3」では、

「損所ニ在リテ直接防水ニ従事スベキ者ノ作業担任左ノ如シ

1　工業分隊長（軽巡ニアリテハ補機分隊長ヲ以テコレニ代ユ、但シ工業長ヲ付ス）ハポンプ員、工業員、船匠員、電路員、弾薬庫員、中下甲板以下ノ弾薬供給員、水雷科下官兵等ヲ指揮シ、艦長ノ命ニヨリ応急作業、排水、注水等主トシテ内部ニ於ケル浸水遮防、傾斜復原作業ニ従事シ、要スレバ他ノ分隊員ヲシテ助力セシム。

2　隣接区画ノ受持チ分隊長ハ所属分隊員ヲ指揮シ、支柱ヲ装備スル等、該区画ノ隔壁、防水扉、防水蓋ノ補強ヲ行イ、浸水ヲ局所ニ防止スルニ努メ、工業分隊長ヲ補佐ス」

と定めているのだ。これは重要な規定である。〝傾斜復原〟の作業を工業部でやれというのである。まだ艦内編制令の戦闘部署による「応急防御」スタートには至っていないのだが（艦内編制令では、昭和九年の改正によって、工業部の担当となる。こういうように、いくつかの同類規定発足にあたって、施行歩調の揃わない例は多い）。おそらく、旧来の注水装置・排水装置を工夫、利用してやれ、ということであったろう。施行でなく、試行か？

また前々項で記したところだが、昭和五年一二月一日、改定が行なわれ、船匠科とか、船匠師あるいは船匠兵曹等の用語が消えることになった。かれらの官職名は機関兵曹、機関兵などとなった。明治一九年このかた使われてきた、帆走艦時代からの懐かしい名称がなくなっているのだ。なにか訳がありそうである。

『注排水指揮装置制式』

じつは昭和六年一二月八日、これまで造船側では受け入れがたしと拒否してきた、傾斜復原に関わる「注排水指揮装置制式」と呼ぶディバイスの設備規定が制定されたのだ（海軍省編『海軍制度沿革・巻八』原書房）。

要所のいくつかを抜き出してみよう。その設備要領、位置、機器、機能のあらましが分かる。

まず総則の第一条に「本制式は戦艦の注排水指揮に必要なる諸装置の設備要領を規定す。その他の艦船に対しては概ね左記によるものとす」と謳って滑り出している。

▽一等巡および基準排水量七〇〇〇トン以上の二等巡は戦艦に準ず。

▽基準排水量七〇〇〇トン未満の二等巡は簡単なる指揮所およびこれに要する通信装置のみを設備す。

▽基準排水量一万トン以上の空母は戦艦に、基準排水量一万トン未満の空母は基準排水量七〇〇〇トン未満の二等巡に準ずる。

▽右以外の艦船には、指揮所および通信装置を特設せず。

とし、つぎに「指揮所と管制所の場所」が述べられている。

▽注排水指揮所は、下部司令塔を有する艦にあっては塔内またはその付近の主防御区画内に置き、下部司令塔のない艦では防御区画中の注排水指揮に便利な位置とする。

▽注排水管制所は前部、中部、後部の三管制所に分け、防御区画内に置く。位置は各配属区画の注排水管制に便利な場所とし、前部および後部管制所はビルジポンプ室またはその付近に置く。中部管制所は機械室またはその付近に設けるのを原則とする。なお艦型によってはさらに数箇所に分置し、またはその一部を設けざることを得。

と定めていた。

そして通信装置。これは注排水作業を、指揮官が一本のラインで的確、スムーズに運用するためには欠かせないアパレイタスであった。中枢の注排水指揮所に備え付けられる主要機器から、簡単に触れていってみよう。

「注排水指揮盤」は、メイン中のメインだ。平らな盤とこれに後壁のついたデスクになっている。盤面には艦の主要区画を明示し、海水弁、排水ポンプ等の位置を記入した平面図が置かれている。後壁には平面図と同様、必要な位置を記入した側面図を置く。そして浸水標示器を取り付け、記事、数字等を記入し、注排水の指揮をとるのに適当する仕様になっていた。

「浸水標示器」は、艦内の主要区画に生じた浸水を自動的に標示する器具だ。ある区画に、四分の一ないし五分の一以上の浸水が起きたならば、指示器の電路が形成されて注排水指揮所管制盤上の電鐘（アラームベル）を鳴らし、相当する区画の電灯を点ずるようになっていた。

「吃水標示器」は、各吃水に対する排水量、各水線の中心およびトリミングモーメントを記入してある盤に、前部と後部の吃水を自動的に標示できるようになっていた。トリミングモーメントとは、艦の前後釣合を変えるのに必要とする力率のこと。トリムを一センチ変化させるのに要するモーメントを毎糎トリムモーメント、一インチ変えるのに必要なそれを毎吋トリムモーメントといっていた。

「傾斜標示器」は、艦中央部における両舷の吃水、それから横傾斜角度および乾舷の高さを標示できるディバイスである。「傾斜計」は傾斜標示器の予備的計器であった。「GM標示器」とは、艦の動揺周期とGMとの関係を標示できる装置だ。

〝GM〟の意味はご存じだろうが、一応付け加えておこう。フネを傾けると浮力の中心である浮心Bは、ただちに左か右に移動する。したがって新浮心を通る海面への垂線は、もともとの浮力の線すなわち中心線とは重心Gの上方で交叉する。この交点を〝メタセンター〟と呼びMであらわす。そしてGM間の長さを〝メタセンターの高さ〟と言い、「GM」で表わすのだ。すなわち重心が上がったりしてGM値が小さくなると、とくに傾きがまだ小さい場合、復原力が低下する。

そのほかに舵角受信器、速度受信器、電話器、伝声管、空気伝送器、高声令達器など、他科たとえば機関科指揮所などにもある共通の通信装置が備えられていた。

一方、注排水管制所に装備される通信器のメインは「注排水管制盤」であった。これによって前部、中部、後部各管制所ごとに注排水の管制をするのだが、それぞれが分担する主要区画と注排水に必要な各種のパイプ、海水弁、船倉口《ハッチ》、ポンプ、潜孔《マンホール》等の位置を記入した平面図、それから側面図を表示したデスクである。ここで注排水標によって、注排水のコントロールをするのであった。あとは通常の電話器と空気伝送器程度である。

ともあれ、こうして日本海軍でも「応急注排水装置」の装備に〝出発進行〟のボタンが押されたのであった。

『工作訓練規則』制定

そしてそんな装置の制式制定と並行して、「工作訓練規則」がつくられた。昭和八年一二月一日の施行である。なにを意図しているかはいうまでもなかろう。その第五条で〝工作〟の目的左の如しと規定し、

1 各級指揮官をして工作一般に関する指揮法を研究練磨せしむること

2 工作長をして工作および注排水指揮法を研究練磨せしむること

3 工作関係諸員をして工作法および注排水法につき研究練磨せしめ、各担任の業務に習熟せしむること

4 工業関係諸装置ならびに注排水諸装置の状態、性能および効力を知悉し、その改善資料を得ること

と述べている。さらに第六条で、工作は「教練工作」「戦闘工作」「研究工作」の三種に分け、戦闘工作は〝工作戦技〟と称することを得

と定めたのである。

これで日本海軍も注排水による艦内防御戦に、本格的に乗り出そうと意図していることが明らかになった。木具工業、応急工作などを含むダメ・コン作業が、艦砲射撃や魚雷発射、機関運転などと肩を並べる重要な戦闘技術の一種として、認識が新たにされたということである。

といっても、本訓練規則が制定された昭和七、八年当時の注排水法戦技は、実際に海水を艦内に導入して実施するのではなかった。艦隊司令部検定委員の眼前で注排水弁の作動手続きのみを行ない、その後図解で説明して考課を受けるというものであったようだ。残念ながら、筆者にはまだこのあたりの実態がよく分かっていない。

航海学校設立と応急教育改革

前項で工作訓練規則が新定されたことを記したが、それに先立つ昭和七年一一月三〇日に運用術練習艦規則が改正されていた。練習生は普通科運用術練習生、高等科運用術操舵練習生、高等科運用術応急練習生の三種となった。高等科を卒業後、艦内の航海科に所属する操舵系兵員用と、運用科に入る応急系下士官兵用の、二つにコースを分けたのだ。

それまでの練習生教育は普通科、高等科の別はなく、たんに〝運用術練習生〟の六ヵ月課程があるだけだった。しかし航海兵器の進歩はいちじるしかった。当時、新式の須式（スペリー式）五型転輪羅針儀について十分な教習をするため、卒後さらに三ヵ月の延長講習を行なう情況であった。また応急系教科でも、即応防御重視により学ぶべきことが増えていた。

それらに対応するための制度改変だった。修業期間はどちらの練習生も、六ヵ月と決められたので〝高普〟あわせると、一年に伸びたわけである。充実度倍増！

そして同日、運用術練習艦教育綱領も改定されている。士官教育の運用学生コースでは、「応急法」の教科として荒天準備、防火、防水、防毒、溺者救助、補索、破壊物除去法、擱岸座礁に対する処置、沈没船引揚の科目を学ぶことになった。

学生も練習生も応急法として勉強する科目は同じだったが、それぞれについての教育程度が異なるのはもちろんであり、各科目にかける時間の多さも違っていた。たとえば溺者救助などは、学生コースではほとんど教えないし、沈没船引揚などは普通科練習生では勉強しないのだ。

しかも、航海・運用系統の教育改革はそれだけではなかった。なんといっても、目玉は「海軍航海学校」の設立であろう。

昭和九年四月一日、横須賀市田浦町に創設され、海防艦「春日」を同校の付属練習艦にしたのだ。それまで運用術練習艦だった「富士」はそのまま航校に保管し、教場の一部として使われることになった。なにぶんにも老齢、推進器もはずしてあったので〝浮き講堂〟というところであった。

教育される学生は、運用術練習艦のときの航海学生、運用学生に加え、特修科学生、専攻科学生が設けられて四種に増えた。

航海学生の募集、選考条件は従前の練習艦時代どおりで、「身体強健、実務ノ成績優等ニシテ高等ノ航海術ヲ修習セシムルニ適当ナル才学識量ヲ有スルト認ムル海軍大尉又ハ中尉ニ就キ航海長ノ素養ニ必要ナル学術技能ヲ修習セシムル為海軍大臣選考ノ上之ヲ命ズ」であった。これは他の砲術学校、水雷学校などの高等科学生募集、採用条件となんら変わるところはない。

だが、運用学生の方は「身体強健、実務ノ成績優等ナル海軍少佐マタハ大尉ニシテ志願スル者ニツキ、マタハ特ニ必要ト認メル者ニ対シ運用長ノ素養ニ必要ナル学術技能ヲ修習セシムル」ため、と定義付けられたのである。なぜか？

それは本書の今までの記事からもお分かりのように、〝運用屋〟士官の職務はなんとも地味でパッとしない。艦内でも他科の下働きである。彼の分隊は〝雑分隊〟と呼ばれることすらあった。したがって、応募者も少ない。そこで、他の高等科学生受験者の落ちこぼれを拾うため、航海学生にくらべて採用年齢が高められ、階級を少佐まで伸ばしたもののようだ。当初は無試験・選考制を採ってもいたらしい。なかば強制的に。

ただし、こんな将来性のない、愚にもつかない差別的入学制度は数年のちに改められ、四年後の昭和一三年一一月から、運用学生も航海学生とまったく同一条件で募集、試験のうえ採用することに変わるのだ。ホントに応急を重視し、発展を願うのであるならば、選考はかくあるべし――との判断からであったろう。当然の処置ではある。

航海学校になってからの、運用系統の教育綱領をチョッと見てみよう。

運用学生の応急教育は、戦闘時と通常時保安の二つに大分類され、
「戦闘応急法」　艦内応急作業指揮法、戦闘中の防火、防水、防毒、破壊物処置法
「保安応急法」　荒天準備、擱岸座礁処置法、救難作業、沈没船引揚法、防火、防水
となった。

いっぽう下士官兵のための、普通科運用術練習生の応急教育は、
「応急法」　荒天準備、溺者救助、機動艇擱岸座礁処置法、防火、防水、防毒、補索、破壊物処置法

高等科運用術応急練習生の応急教育は、
「応急法」　荒天準備、擱岸座礁処置法、沈没船引揚法、応急舵、救難筏構成および使用法、応急諸用具の取扱整備法、艦内応急通信法、防火、防水、防毒、破壊物処置法
「船体および艤装」　船体構造、艤装、諸装置その他艦内防御に関する事項

と、旧時の応急法教科より、ナカミが大幅に細分・充実されることになった。といっても、かねてより運用科が扱ってきた防火、防水を主軸とした応急防御術それぞれの拡充・強化であり別段の変化はなかった。練習生教育では、戦闘・保安の区別はない。

軍艦「陸奥」の応急部署

ならば、艦船現場すなわち〈応急防御関係部署〉での、この時分の実際配置、編制はどうなっていたであろう。昭和九年（八年？）当時、戦艦「陸奥」でのそれは、こんな風に……。

「臨戦準備」には〈第一期作業〉〈第二期作業〉の二通りがあった。いよいよの決戦に臨むにあたり、あらかじめ軍港で実施しておく準備、段取りが第一期作業であり、軍港発進後さらに時機迫って行なうのが第二期作業であった。そして敵と接触し、または会敵を予期する段階になり、臨戦準備に加えて戦闘に必須の諸準備を整え、急速に戦闘準備を完了するのが「合戦準備」だ。

軍艦「陸奥」では戦闘ラッパが響くや運用長は戦闘中のあらゆる応急作業の指揮に任じた。写真は「陸奥」甲板

合戦準備では艦内各科、各部とも固有の担当作業に入るが、とくに〈上甲板応急員〉は兵員厠前、第一士官次室前に応急用具を備え、定められた「傳令」は配置につく。〈工業員〉は支柱とか木板、楔など船体、船具の応急修理に必要なものや、破壊物除去に備えて〝弁慶の七つ道具〟を用意する。

斧、鋸、厚鑿《のみ》、鏨《たがね》、鉄鎚、螺旋錐（ハンドドリル）、金切鋏

と、いかさま古めかしいツールを、である。そのほか釘、消防主管接続用帆布製蛇管（消防ホースのこと）、針金、帆布《ケンバス》、応急用螺釘、木材、消防主管塞止用木栓、鉛板、生木綿などなども万遺漏のない

ように。

そうして、「防水扉、防水蓋、甲鉄蓋、舷窓、盲蓋、堰戸弁などの閉鎖状況を点検し、防火、防水に注意す」と「軍艦陸奥部署」はかれらに念を押していた。

臨時勤務？　の駆けつけ〈主計科甲板作業員〉は弾薬、傷者運搬の応援として運用長の指揮下に入る。そのほかローソクの点火準備をし、食事時がくれば糧食、飲用水の配給もするのだ。応急を本命の戦闘部署とする〈運用科〉は伝令員、応急員、灯火員、傷者運搬員に分かれ、定められた任務の待機に入るのはいうまでもない。

さて「戦闘」のラッパが響くや運用長は指揮上〝適当とする位置〟について、運用科員の総指揮にあたった。〝防水作業を除いて〟、防火、破壊物除去、応急修理、艦内灯火の整備、負傷者の運搬救護、その他戦闘中起こると考えられるあらゆる応急作業の指揮に任じたのだ。ただし、露天甲板以上の作業は、掌帆長に直接指揮を分掌させている。

工作長を置いたため艦船職員服務規程では、防水に関して運用長との境界がやや漠然とするところがあったが、当時の「軍艦陸奥部署」ではこの点を画然と分離していた。

工作長が防水指揮官に

戦闘中の防火に従事する主要人員は、「応急員」と「機関科甲板作業員」の両者だ。応急員は、各人があらかじめ指定されている甲板で消火に従うのが通則。また他の乗員は、火災発生場所付近に自己の配置があっても、現に戦闘作業を行なっていない場合は、誰もがすべて防火に従事するのが決まりであった。まぁ、それは当たり前だろうが。

なお各区画用の消防ポンプは、戦闘中は常に運転しておくのが例になっていた。総員を防火部署につかせようとするさいには、警鐘（時鐘に使うベル）をガンガン鳴らした。それほどでない場合は、定められた要員だけが別に命令がなくても防火に従事する。ただし、これはヤバイ、要注意と考えられたときは火災の位置、防火に従事すべき人員等を指示することになっていた。境い目がチョッとややこしい。

もう一方の水中被害による防水作業は、工作長が「内部防水指揮官」になる。「注排水指揮所」に陣取って工業員や他の配置員を指揮することになっていた。艦長の命により「浸水遮防、排水、注水、傾斜復原等の作業に関し機を逸せず迅速に適応の処置をとる」よう規定されていたのだ。

ただし、事さほど重大にあらずと判断された作業は、工作長が独自に処理を行ない、「しかるのち、これを艦長に報告するものとす」とも定めてあった。

戦艦に水雷科がまだあった前時代的なこの時期に、すでに〝注排水指揮所〟が設けられている。これは注目すべき事柄だ。昭和六年に制定された〝注排水指揮装置〟をさっそく設けていたのであろうか？　まさかそれはないはず？　それとも仮設運用か？

当時の軍艦陸奥部署では、戦闘中の艦内防水作業には主として工業員のほか電路員、補機員（ポンプ員）のうち、中甲板以下の配置にあって現に任務を持っていない人員と、中下甲板配置の応急員が〝注排水に従事するものとす〟との決まりであった。

そして被害が大きく、浸水が甚だしくなって総員を防水部署につかせようとするときは、艦長は「防水」の命令を下す。必要があれば損害箇所の位置と防水に従事すべき人員が指定される。だがそのさい、上甲板や舷外に出てする防水作業は、「とくにこれを必要とする状況のときに限り行ない、そのための作業人員は特令によって派出……」との規定になっていた。排水その他防水作業上のっとるべき要領や使用器具等に関しては、戦闘作業をいちじるしく妨げない範囲で、通常保安のための「防水部署」規定を準用するのだ。それは、軍艦陸奥部署のなかでこう規定している。

衝突、擱座等のため海水が艦内に浸入するのを迅速に遮防してこれを局所に防止し、また浸水を排出して艦の安全を図る必要があると認めた場合、当直将校は即座に「防水!」の号令を下す。同時に艦を停止、後退させるなど保安上必要な処置を尽くしたうえ、このことを艦長、副長に報告し、あわせて工作長と機関室に通報する。

工作長は防水指揮官だからだ。この場合は、運用長より工作長の指揮権が優先する。

防水に出番はなしか運用長

作業に当たる防水作業員は先ほど軽くふれたが、ポンプ員、工業員、電路員、弾薬庫員、中甲板以下の弾薬供給員、水中発射管員、水雷火薬庫員の面々がリストアップされていた。ポンプ員はすぐさま所要の排水ポンプを起動して浸水箇所の排水にかかる。工業員は決められている遮防の配置について浸水を局所に抑えるとともに、艦内部の防水作業に従事する。

応急員も合戦準備部署（前出）に示された、居住甲板の定所に整列して命を待つのだ。

　もし損傷を受けた場所が機関室であったならば、そこのパートの受け持ち機関科将校、分隊長は防水指揮官を補佐し、部下分隊員を指揮して艦内への浸水遮防に努める。また、他箇所の機関科分隊員は必要に応じこれを援助する、とこれも「陸奥」の防水部署は規定していた。

　グンカンの機関室は一種〝租界〟のような特別区域。他の科から見ると別社会の感があり、当直将校も「機関科当直将校」と呼ぶウォッチ・オフィサーが、艦橋とは別にもう一人立つのだ。

　このころの「陸奥」では、〝防水〟に関しては、規定上、運用長の出番はなかったらしい。早くも艦内編制令の改定に先行して戦闘時の応急部署を改革していたようである。「防水蓆」なんかもゼンゼン使用しないようだ。さすがは戦艦「陸奥」というべきか。昭和七年当時、まだ兵学校の運用術教科書には、「防水蓆出し方」の方法が書かれているのだが……。

　そして、戦闘中の破壊物除去その他応急作業万般については、運用長は応急員、機関科甲板作業員を指揮し、また必要があれば工業員の一部を区処（管轄外だが、垣根越しに指揮すること）してこれに当たる。さらにそれが大作業であるときは、現に業務に従事していない人員をこれに加えて処理するも可、とされていた。

　応急作業は迅速に艦の危急を救い、一時的にその能力を維持するのが目的である。

「永久または半永久的の復旧作業は戦闘中止または終結の後に施行するを例とす。而して重大なる損害に対する応急処置法に関しては予め考究しおくを要す。各部における小作業にありては、当該配置員にて処理するを例とす」

との認識を「軍艦陸奥部署」は示していたのだ。

ともあれ運用長と工作長は、ともに応急防御の指揮官として絶えず密接な連絡を保ち、たがいに協力しあうことが要求されていた。でなければ応急作業の万全は期せられない。だから、「運用長は担任の応急作業指揮の業務を妨げざる限り、防水の内部作業に関し工作長を補助する」とも定めていた。

この思想はのちに大きく発展する。

戦艦の大改装——防御力強化

ところで特別な注排水装備のない艦艇では、消防管系に連絡した注排水管により弁筐を通じて蛇管により必要箇所へ海水を注入する。浸水部の破口が修理されるか、その他の理由で一度注水した海水が不用になったら、一刻も早く排水して予備浮力を大きくしなければならない。そのための排水はポンプ放射器、圧搾空気等によってエジェクトする（図2）。あるいは、一度こういう装置のある区画へ水を落としてから排水する仕掛けの艦もあった。以上のバルブ類の開閉操作装置は、手近の甲板のポンプ室等に集めてあるのだ。

ところがそのような昔ながらの方式でなく、これらの操作システムを「注排水指揮所」「注排水管制所」と名付けたコントロールルームにまとめ、浸水の検知から注排水の操作ま

〈図2〉注水および吐捨装置（巡洋艦）
（機械室および翼艙）

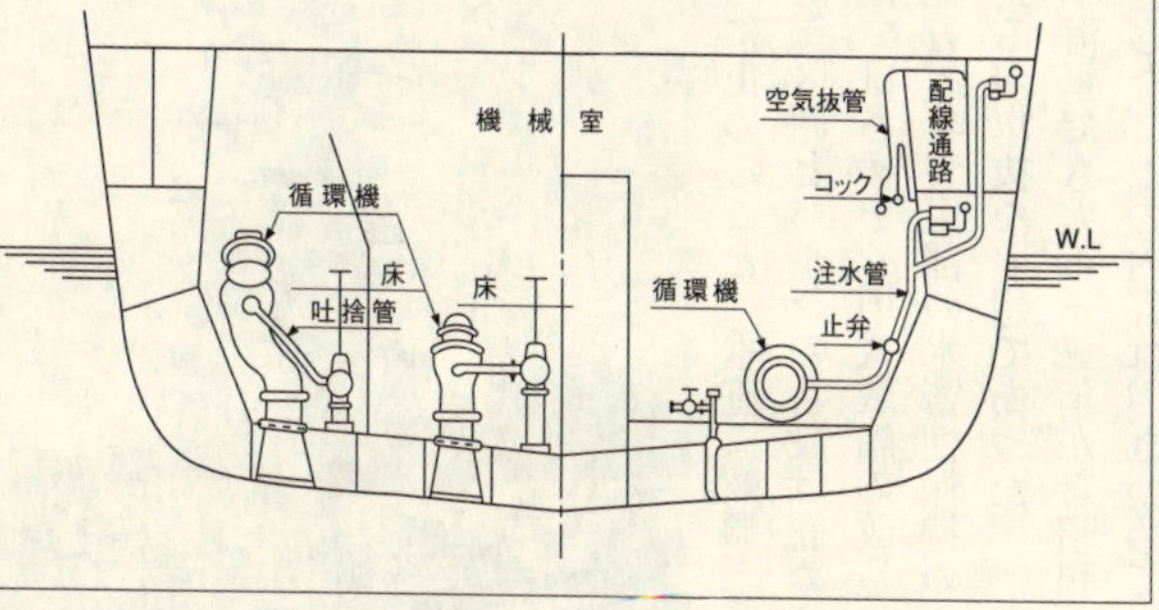

〈図3〉急速注排水装置（油圧）

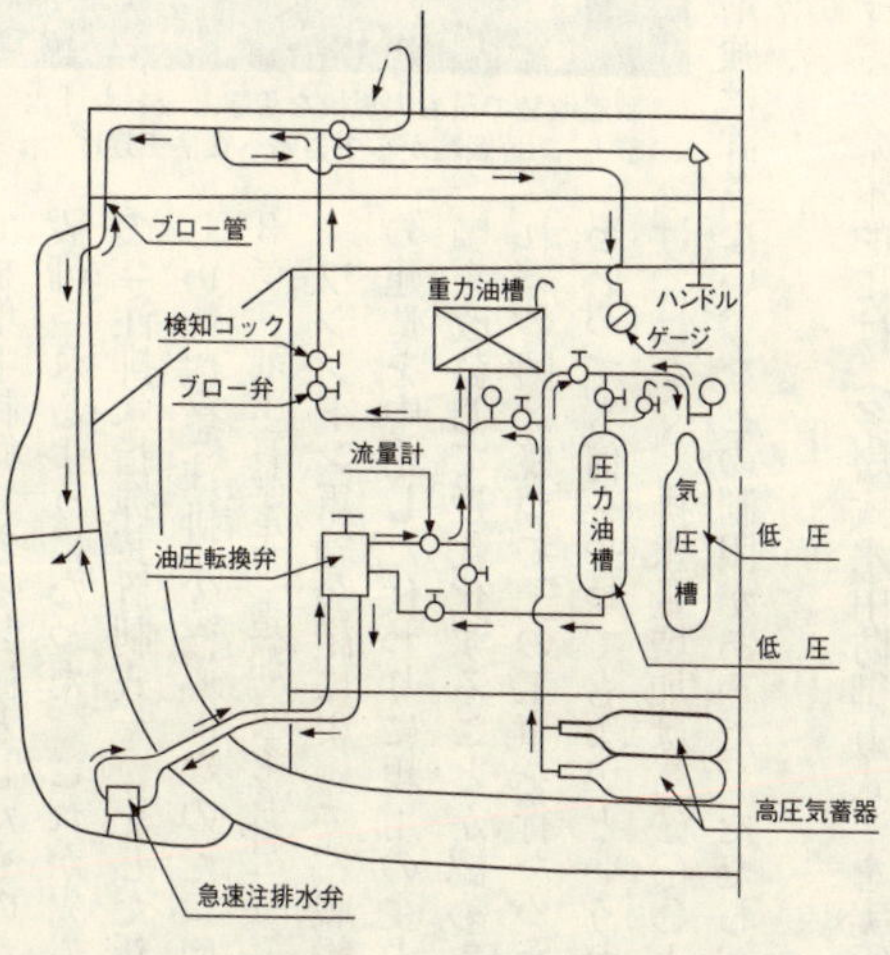

戦艦改装で最も大規模な工事となった「比叡」。練習戦艦から主力艦へ復活を遂げた

でを集中制御できる装置としたものが設備されるようになった。これが先述の「注排水指揮装置制式」に記した新しい〝応急注排水装置〟なのだ（図3）（「准士官学生・造船学参考書」）。

ワシントン軍縮会議によって、戦艦の建造を中止した代わりに現用の主力艦を改装して近代化することが認められ、各国は競ってその工事を行なった。といっても何をやってもよいというわけではなく、排水量増加は三〇〇〇トン以内に止めること、垂直（舷側）装甲の増強は許さない、などの制限があった。ただし、水中防御区画とバルジの新設は認めていた。

米国ではさっそく旧式戦艦の改造に着手する。基本的には〈多層式水中防御方式〉を実行し、他方、非装甲部の水密性保持のため上甲板以下の舷窓を全廃してしまった。これは簡単に見えるが卓抜な着想であった。

日本海軍でも大正一三年から昭和一四年末にかけ、一〇隻の主力艦すべてに近代化の大改装を施した。その内容は、きわめて大規模なものとなったが、大正一三年三月より、まず巡洋戦艦「榛名」の第一次改装を開始する。本クラスは防御力が薄弱だったからであった。

これら「金剛」型巡洋戦艦は第一次改装で、二五〜二六ノットを出す準高速戦艦となった。ついで第二次大改装を実施したが、「榛名」は本型中、第一次改装を第一着に行なった関係で、第二次改装もいちばん最初だ。昭和八年八月に開始され、なんと三〇・五ノットの〝高速戦艦〟に生まれかわった。同型僚艦も無論である。

第二次改装では、根本的なリニューアルが行なわれた。毒ガス防御、応急注排水装置、副砲の仰角引き上げ、飛行機射出機の改正など。通風装置や居住区も、この時期かその前後に改良されるかあるいは新設されている。

練習戦艦となっていた「比叡」は、「金剛」型の第二次改装に右へならえし、昭和一一年末の、軍縮条約廃棄とともに大改装に着手、ふたたび主力艦として復活したのだ。

「比叡」改装工事は呉工廠で行なわれたのだが、同型三艦の二度にわたる改装の内容をすべて取り込んでいる。なんとなれば、建造がすでに確実となっている「大和」型戦艦に対する種々の事前実用実験の意味をも含むので、戦艦改装のなかで、もっとも大規模な工事になったのであった。

なお、各主力艦の魚雷発射管は近代化とは別工事の逐次改装中に減少、または廃止され、昭和一〇年までに全廃されている（『世界戦艦物語』福井静夫）。

「応急注排水装置」設置開始

第一次世界大戦は艦内防御に関する観念に、根本的変革をもたらした。とくにアメリカでは注排水装置をはじめ、本問題全般に対し全力をあげて研究実験に着手していた。

わが海軍でもすでに述べたようにスッタモンダの紆余曲折はあったものの、関係方面ではあらゆる角度から検討を行ない始めた。その結果、もっともこの点で進んでいるアメリカに範をとって、事は運ばれていったようである。

「金剛」型の第二次改装は「榛名」が昭和九年九月に完成し、つづいて「霧島」「金剛」の順に昭和一二年初頭までに完成した。そして各艦ともこの工事の末期ごろ、防毒装置と応急注排水装置をインストールしている。さらに「霧島」は一四年一一月、第三予備艦となって後檣や砲術系統の改装を行ない、「金剛」も昭和一六年一〇月、舷外電路の装備、バルジ内への水密鋼管の充塡などを実施している。間接防御さらに充実、というところであった。「比叡」は昭和一五年一月に改装を完成しているので、「金剛」型四隻中、もっとも新式な戦艦になった。

なお、「扶桑」型は第二次改装後数年たった昭和一六年一月までに、応急注排水装置を完備した。「伊勢」型についての応急関係は、昭和一〇年から一二年にかけての改装工事中に大部分を実施している(同前)。「長門」「陸奥」に関しては、昭和九年着手で一一年までに第一次、第二次合併型で行なわれたのであった。

これら一連のダメ・コン工事など近代化作業に当たっては、工廠も艦船側も初めての経験なので、いくつかのエピソードも生まれている。

昭和九年、横須賀工廠で行なった「陸奥」改装のときの船殻工事は矢田健二部員（造船大尉）、艤装は船越卓部員（造船中尉）が主務者であった。呉廠の「長門」と並行して作業を進めることになった。

工事も大詰めに近づいた某月某日午後四時ころ、「陸奥」の注排水指揮所へ「密封命令書」が届けられた。審議公試も最後の段階に入っており、指令の一部は「後部○番タンクへの注水」となっていた。注排水指揮官は工事責任者たる船越部員である。

彼はただちに工員にスピンドルの操作を命じる。しかし、工員がいくらハンドルを回そうとしてもビクともしない。水圧で船殻外板が歪んでいるのであろう。あわてて技手が空所に潜っていく。苦心調節してやっと注水が始まり、作業が完了したのは午後一〇時すぎだったとか。もしこれが実戦だったら……。

「注排水指揮装置」の仕様書ができているとはいえ、日本で初めての注排水装置だ。設計も工事もなんとなく頼りない仕儀ではあった、と船越は回想している（『続・造船官の記録』・〈横廠から舞廠まで〉）。ということは、前々々項に記載した「陸奥」応急部署は、旧施設の注排水装置による部署、だったと考えられる。

戦艦の防御力向上に奮戦

前記したように戦艦「榛名」は第二次改装で、艦内注排水装置を装備することに決定、呉工廠において、昭和九年夏からその工事に着手することになった。

そんな折、「比叡」工作長だった吉武直行機関少佐は「榛名」工作長に転勤を命ぜられた。彼はさっそくこの装備工事に取り組んだが、もちろんこんな仕事は初めて。いささか戸惑い当惑したが、一番良い相談相手になってくれたのが「長門」工作長の級友萩原勘一機関少佐だった。

彼はかねてからこの問題に強い関心を抱いており、艦内防御についてのあらゆる資料を収集していた。アメリカをはじめイギリス等の戦訓、文献を十分研究し、同時にまた先輩・同輩に当たる、多数の兵科将校や造船官にも直接ぶつかって知識を吸収していた。したがって、萩原のアドバイスがどれほど助けになったか分からないと吉武は回想している（萩原勘一氏についてはまた後に記す）。

こういう改造工事では設計・工事・艦側、三位一体の協力がないとウマクいかない。関係者の多大な努力の結果、艦内注排水装置は完成し、「榛名」は翌一〇年、GFの主力として全部の各種戦技訓練に参加できた。

翌々一二年には、「霧島」が本装置に対する研究対策艦に指定されている。同年秋、全海軍の関係部局より選出された委員多数出席の総合研究会が開催された。艦隊司令長官がじきじきの委員長という大規模さで、この問題の基本対策がようやく決定できる段階に立ちいたったのであった。

ならばわが戦艦群では、これらの大工事によって防御力、とくに水中被害への応急防御力はどのように改善されたであろうか。まずは〝大和実験台〟になった軍艦「比叡」から見ることにしよう。

応急注排水の、すなわち〈急速注排水装置〉のアパレイタスには、「大和」に使用予定の装置をそのまま試用した。だが、注水弁の形状、様式は良かったのだが、スピンドルが材質不適当のため「大和」では変更することになり、「比叡」のそれも後日、換装している。急速注排水区画の空気抜き弁と遠隔管制に用いたベローズ弁装置はどうも不具合で、「比叡」では故障続出の有様となった。ために、「大和」では空気ピストン弁に変えている（『造船技術概要：第5分冊』今日の話題社）。

「金剛」型の第一次改装では水中防御の強化策として、「榛名」は舷側外板の外側にバルジを新設するとともに、艦内内側に水雷防御縦壁を設置し、外板の外側または内側に二五ミリ厚の高張力鋼を三、四枚重ね張りした（同前）。

「伊勢」型は「扶桑」型と同一戦隊を組むため、速力を〇・五ノットアップ。舷側水線装甲鈑は変わりないが、水平防御と水中防御は若干強化された。「伊勢」の近代化改装時期は前記したとおりで、呉工廠で実施している。注排水、防毒、防火など応急関係装備もこのとき行なわれた。バルジは大型なものを設けて水線幅を広げ、GM値を大にしている。

「日向」は水雷防御縦壁の外方に重油タンクを設けて爆発力の緩和を図った。そして昭和一五年に、出師準備第一着作業としてバルジ内への水密鋼管充填などを実施しているのだ（「世界の艦船」：増刊「日本戦艦史」）。

重巡にも応急注排水装置を

つぎは「長門」型について。

「長門」「陸奥」の両艦は、「伊勢」型につづいて第一次大戦中に建造された戦艦である。世界で初めて四一センチ砲を採用し、さらにジュットランド海戦の戦訓に基づいて直接防御力の強化と速力向上を図り、日本最初の高速戦艦となったことはよく知られているところだ。ともに完成いらい長年にわたって、日本海軍の大黒柱であった。近代化改装によりバルジを装着したため速力はやや低下したものの、欧米の新造戦艦に対抗できる戦力を保持しつづけた。注排水装置を設備したあと、昭和一六年の出師準備工事により、バルジ内への鋼管充填などを実施している。

一方、戦艦だけでなく重巡にも改装が施された。ここも、前出した今日の話題社刊行の『造船技術概要：第5分冊』にオブサッて記述を進めよう。簡潔で分かりやすいのだ。

「妙高」型では第一次工事として、排水量増大による吃水増加の防止対策を主目的に、比較的小さいバルジを舷側水線付近より下方に装着した。昭和九～一〇年にかけて実施されている。バルジ内には防御鋼管を入れる計画とされたが、これは臨戦準備に入ってからの実施とされたので後送りだ。

第二次改装で、バルジの一部を重油タンクに利用するようにした。各舷で、この重油タンク五区画を含めてバルジ内区画一五宛を応急注排水区画とし、注水弁、空気抜き弁、および排水装置を新設している。ただし、戦艦に設けたような急速排水装置としての油圧注水弁等は装備されず、すべてスピンドル装置とした。なお、前部、後部の一区画にも、トリム矯正用の注排水装置を設ける。空気抜き弁、油圧注水弁などについてはまたあとで、概略を述べる。

さらに機関関係の重油移動ポンプを強化し、重油移動によるトリム矯正に重点を置いた。当時一般に、機関室の大排水装置を強化するのが世の流れになっていたので、本改装でもこれを実施している。すなわち、缶室のエゼクターおよび機械室の主送水ポンプにより作動する排水弁の位置を中甲板のレベルまで高め、機関室浸水の際も排水可能なようにする工事等もあわせて実施したのだ。缶室でのエゼクト強化にあたっては、一五〇～二〇〇トンエゼクターを各缶室に一基ずつ装備した。

応急指揮所を新設し、また注排水指揮所を設けている。第一次改装で装着されたバルジを撤去し、「高雄」「愛宕」改装にあたって装備したそれと同等のバルジを新たに装着した。そしてバルジ内水面付近に、水線面積維持用の防御鋼管を封入したほか、水雷防御縦壁の外方区画にも同様に防御鋼管を入れている。この結果、新造時の水雷防御縦壁は炸薬量約二〇〇キロのトピードーに対する防御であったが、改修によって約二五〇キロ魚雷に対処しうる防御構造となった。

この時分になるとわが海軍も戦艦だけでなく、重巡クラスにも水中防御についてなかなかの配慮を見せているのだ。また空母にも然り、である。

注排水装置はいかなる想定で

さて、これまで縷々《るる》述べてきたような経緯で戦艦、重巡等に〝注排水装置〟の装備が始まった。ならばどのような被害の内容、程度を仮想して、そのインストールを考えたのであろうか。

「大和」型についてだが、前程としてまず魚雷一発によるダメージは、戦艦の場合、横幅が大体三〇メートル、上下一〇メートルほどの破れが生ずるものと考えた。これは戦艦「土佐」の水中爆発実験結果からの判定だったようである。そして、一〇〇〇ないし一五〇〇トン範囲の艦内浸水が生じると判断された。それにより、内部へは防御縦隔壁まで浸水するものと予想している。この場合の魚雷炸薬量は三〇〇キロであったが、米国魚雷のそれが二〇〇キロと予想されたからである（『戦艦大和その生涯の技術報告』松本喜太郎）。ちなみに日本の九三式一型改二魚雷は直径六一センチ、炸薬量四九二キロというドでかい大きさであった（ところでだが、この魚雷により生ずる被害の見込みは、いささか大に過ぎるのではないだろうか？　後述〔「大和」「武蔵」――初被雷〕の項に記すように、実戦での破孔の大きさはかなり小さいようである。もっとも魚雷の威力、当たり所、バルジの有無などで変わるであろうが）。

これだけの被害で済めば、急速注排水装置によって傾斜を戻し、なお戦闘を継続できる。さらにもう一本魚雷を喰った場合はどうか？　最悪の状態でも本装置によって傾斜を復原し、前後のトリムを修整して少なくとも最寄り基地への帰投を可能にすべきだ。それには被害、爾後浸水とを合わせて予備浮力の喪失量は三分の一以内になるようにする。傾斜復原後の状態は、横傾斜なら五度以内、縦傾斜は艦首へのトリムは二メートル五〇以内を目標としたのだ。

急速注排水区画については注排水とも遠隔管制を可能とし、注水終了時間は五分以内、排水には三〇分を標準とした。通常注排水区画に関しては、注水は三〇分以内とし、特殊の区画のほかは遠隔管制は行なわない。排水時間のほうはとくに制限を設けない（『造船技術概要：第6分冊』今日の話題社）。といった被害想定、対処目標によって、急速および通常注排水区画の位置と数を決定することにされたのであった。

だが、やはり海水を入れる場所の選定となると限定されてしまう。バルジ内とか釣合タンク、水防区画あるいは二重底内や舷側区画にするしかない。結局はそのうちから工事の難易等を参酌して、おもにバルジ内を急速区画に決定する方針がとられた。

かつ、こんどの新しい注排水装置には、いくつか特殊なディバイスが組み込まれている。見てみよう。

㋑〈油圧注水弁〉急速注排水区画の注水弁は、油圧により遠隔管制が可能な外開き式の弁だ。常時は発条《バネ》の力と水圧とによって「閉鎖」の位置にあり、必要時、油圧により発条の抑圧に逆らって開かれる。弁の区画内開口部はベルマウス型（朝顔型）としてあった。ベルマウスの形は注排水時の流量効果をよくするよう、いろいろ実験の結果、定められたのだそうだ。発令による弁自体の開閉所要時間は五秒あまり。弁の大きさは二三〇、二〇〇、一八〇ミリとあり、区画の大小に応じて適用を変え、大区画には二個が装備された。

㋺〈油圧操縦弁〉油圧注水弁を開閉させる弁で、従来から潜水艦の油圧ベント弁開閉に用いられたものと類似の滑弁（スベリ弁）にされた。油圧管の太さは一〇～一五ミリ、各油圧弁に流量計を装備して、油の流れによって注排水弁の開閉状態を確認する型式になっている。

㋩〈空気抜き弁〉五〇ミリのゴム当て付き止《とめ》弁で、急速区画の遠隔管制方式では種々のものが用いられた。

「長門」ではスピンドル開閉装置を、「陸奥」では直接排気管を指揮所か管制所へ導き、そこで開閉する方法をとり、「比叡」ではベローズ油圧管制装置を採用した。しかし、それぞれ防御上、作動上に長短があったので、さらに実験の結果、「大和」ではピストン式直接油圧開放・発条閉鎖式という装置を用いることにし、所期の成果を得たといわれている。

㋥〈ブロー排水装置〉各区画のブロー弁と集合弁は、ふつうの高圧止弁である。ブロー弁は注排水弁を開放しなければ開かぬように安全装置をつけてあり、誤って密閉区画をブローして船体を膨らますなど、失敗の起きないように考慮してあった。

ブロー方法は二〇〇気圧の空気を直接区画に放出するメソッドだ。ブロー管は四～六ミリで、これを空気抜き管の区画頂板上一～一・五メートル上方へ向け噴出するようにし、噴出口はさらに若干絞ってある。

ブローのさい、過大な圧力が区画に加わらないよう、しかも予定時間内に排水が完了するよう、管径を決定するための予備実験を行なって定めた。噴出孔は海水で錆びを生じない材質を用いる必要がある。この高圧ブロー排水方法が他の方式〈低圧ブローあるいはポンプ排水方法〉に比べて防御上もっとも安全で重量も小さく、最良の様式と認められていた。

㋭〈ブロー用気畜器〉一八〇リットル入り二〇〇気圧ボンベを、全急速区画一回半の排水に十分なだけ、本装置用としてとくに搭載した。

㋬〈油圧槽〉弁開閉用に五〇気圧の油圧を発生する装置は、二五〇リットル入り槽の約半分に油を入れ、これにブロー用空気から減圧弁を通してつくった五〇気圧の空気圧を加えて油圧を得る。しかし、油圧弁を開閉するごとに油圧槽内の油面が低下するから、ときどき気圧を抜いて槽内へ油の補給をする必要があった。

油圧メカの完成に精魂を

お分かりいただけたであろうか。筆者自身、残念ながら本装置を明細に理解しておりませんが、アバウトには正しく記述できたと思います。ご寛容のほどを。

「大和」ほか各艦ではざっとこんなもろもろの弁の開け閉め、装置の整備・運転で、注排水が円滑、確実に行なわれるようになっていたのだ。そして操作のための主要な〈指揮要具〉として、注排水号令発信器、応急指揮通信器、重油移動通信器その他のツールが備えられていた。

注排水指揮所それから管制所は、主防御区画内に設けられるのが建前だ。そこにはこれら各種指揮要具を備えているほか、急速区画の注排水を実施することができるよう前記油圧操

応急注排水装置の試験を行ない船体が傾いている戦艦「扶桑」

縦弁、ブロー弁、および空気抜弁管制装置が配列してある。ただし高圧ボンベは室内適所に装備するのが通例、室外の余積に、また油圧槽は室内適所に装備するのがルールとされていた。

太平洋戦争後の現在の眼から見ると、被害想定も被害に対処する装置もきわめて貧弱であるように映る。魚雷一本とか、二本とか。しかしながら、昭和一〇年前後当時の海軍常識では、この程度の設備施行が改装戦艦では分相応の計画と認められていたようである。それに本装置搭載による重量の増加もかなり大きくなるため、重量オーバーで条約に引っかかっては困るのだ。

ところで、これら応急注排水装置の油圧注水弁とその開閉装置、空気抜き弁、空気ブロー装置などの開発については、その裏にタイヘンな努力があったようだ。

そのころの大艦用油圧機構装備に関する知識は、だいたい潜水艦のバラスト・タンク注排水や潜横舵操作等の油圧装置の使用経験に基づいて積み上げられたものであった。それだけに本装置は幾度か設計変更をし、再三再四陸上実験を繰り返したあげく造りあげられた作品だった。関係者上下の真剣な相互協力によって所期の成果に到達し、まず「長門」の注排水装置が完成された。さらに改良を重ね、戦艦「大和」「武蔵」、空母「信濃」に装備される道筋をたどるのである。

この油圧メカの実験研究に当たって、文字通り心血を傾注したのが呉工廠艤装工場部員の小田盛吉技師と、「長門」工作長の萩原勘一機関少佐の両氏であった。

小田技師は機械工作のエキスパート。多年潜水艦の油圧装置を手掛けたベテラン・エンジニアである。家庭に帰宅後もその構想を練るのに余念がなかった人物で、わが海軍初めての注排水装置の完成に精魂を傾けつくし、実現はその努力の結実といって過言ではない。「戦艦の防御力向上に奮戦」の項にも登場した萩原工作長は工機学校の教官を長年つとめ、応急注排水装置の運用について専門的な研究を重ねていた。独、米、英海軍の同装置について造詣の深いことはまさに第一人者であり、「長門」に赴任を命じられたのも、実際にそれに取り組むためであった。したがって、試作、実験、研究に対しては、まるで何かに取りつかれたように驚異的な努力を傾注していたそうだ。

応急関連の法令改正

昭和九年一一月一四日、艦内編制令に改定が行なわれ、主計科甲板作業員、機関科甲板作業員はそれぞれ主計科応急員、機関科応急員の名称に変わった。あわせて同日、「艦船職員服務規程」にも改定が行なわれた。
「掌金工長および掌木工長」の条文を「および掌工長」に改めたのだ。一まとめの職にしたわけであった。そして工作科工業部の内容にも変更を加えた。この日から、工業部は「工場、工業機械、工業諸装置、潜水器および注排水諸装置ならびにその人員より成る」と改定されている。その人員とは、
〔工業部下士官〕工業および潜水作業ならびに注排水作業に注意し、かつ直接これが指導に任ずる者にして、機関兵曹を以てこれに充てる
〔金工員〕船体、兵器、機関等の応急修理および注排水作業に従事する者をいう
〔木工員〕船体、船具、兵器等の応急修理および注排水作業に従事する者をいう
と、艦内編制令は規定したのだ。このときから、〝注排水作業〟が法令のなかに大きい顔をして現われるようになったのである。応急、ますます重視！
となると、せっかくよい装置が造られ、据え付けられるのだ。その効能を十分に発揮させるためには、ますますふさわしい人員を養成し、配置する必要があった。
さらに昭和一〇年二月五日、工機学校教育綱領の改定が行なわれる。機関術練習生を、掌機、掌内火、掌缶の三種とし、いずれの分科からも、「通風、排水、漲水、防水、防火、防弾に関する諸装置」の条文を除いてしまったのだ。前記したように、これらの項目は工業員の担当領分になったからだ。
一種、〝注排水旋風〟吹きまくりの感があった。そのためであろう、同年一二月一日には、

「応急訓練規則」が制定された。要部、いくつかを抜き書きしてみる。

第一条　本則ニオイテ応急トハ、戦闘中艦内各部ノ各種被害ニ対処シ、極力戦闘力ヲ維持セシムルニ必要ナル、防火、防水、傾斜復原、防毒、破壊物処置等ノ応急業務ヲイウ。

第五条　応急訓練ノ目的ハ

1　艦長（駆逐艦長、潜水艦長、水雷艇長、掃海艇長ヲ含ム）（以下コレニ同ジ）ヲシテ応急ニ関スル一般指揮法ヲ研究練磨セシムルコト

2　副長、運用長、工作長ソノ他ノ科長以下乗員全般ヲシテ応急ニ関スル各担任ノ業務ニ習熟セシムルコト

3　応急班員ヲシテ応急ニ関スル技能ヲ練磨セシムルコト

第六条　戦闘応急ハコレヲ応急戦技ト称スルコトヲ得

第七条　応急基礎訓練ハ乗員ヲシテ各科、各戦闘配置ニオケル各担任ノ応急業務実施上必要ナル知識技能ヲ練磨セシムルヲ目的トシ、概ネ配置教育、部署教練ソノ他各科訓練等ニオイテ之ヲ施行スルヲ例トス

第八条　教練応急オヨビ戦闘応急ノ目的ハ、艦長以下乗員全般ヲシテ実戦ニ近似セル各種状況ノ下ニ、応急ニ対スル指揮統制法、応急処置法ソノ他ノ応急関係事項ヲ研究練磨セシムルニアリ

第一一条　教練応急ハ乗員ノ練度、訓練研究事項等ニ応ジ、コレヲ数次ニ区分シ、施行スルモノトス

第一三条　戦闘応急ハナルベク戦闘射撃、戦闘発射等他ノ戦技演習ナドト関連シテコレヲ施行スルモノトス

こうして応急訓練は本格化し、砲術科や水雷科の連中が精励する戦技の仲間入りをした。

さっそく一〇年一二月二六日には、「臨時運用長講習施行の件」と銘打った触《ふれ》が出された。従前の運用長講習は運用作業一般や錨作業などについてであったが、今回の「応急に関する事項」講習は初めての催しであった。

昭和一一年一月一三日から一月二三日まで、「山城」「扶桑」「榛名」「霧島」「妙高」「羽黒」「加賀」「衣笠」「青葉」「古鷹」の各戦艦・重巡運用長が講習員として横須賀軍港に呼び集められ、新知識を注入されたのである。

こんな煽《あお》りを受けてか、部内の〝運用株〟もやや上向きの傾向を示してきたようだ。

「昭和一一年、私が高等科学生に入るとき、クラスメートの麓（多禎・海兵六〇期）がドイツから帰ってきました。そして、ドイツ海軍の応急の素晴らしいのを聞かされ、『よし、俺もこの分野でご奉公しよう』と決心したんですよ。それまでは水雷希望で、運用なんて頭の悪い、病人の行くところと考えていたんですが」

とは、海軍から戦後も海上自衛隊に入り、引きつづいて応急方面で名を為した桜庭久右衛門元海将補の弁である（「世界の艦船」一二六集：〈ダメコンの現状と将来〉）。

掌運用長と掌工作長の誕生

戦闘時には、艦長の命をうけた運用長が応急防御戦全般の指揮をとる――写真は空母「隼鷹」における消火訓練のもよう

年が明けて昭和一二年五月二四日、「艦船職員服務規程」のなかで応急関連の項目に大改定が行なわれた。

明治初期以来の昔懐かしい「掌帆長」を廃止して「掌運用長」という名称に改めたのだ。応急重視の影響であろう。さらに「掌工長」を「掌工作長」に改め、彼の職務に、

「注排水装置の構造、来歴、性能、用法、効力およびその現状を知悉《ちしつ》し、これが活用および応急処置につき十分なる研究練磨を積むべし」

との一項を付け加えたのであった。

そして一二年六月一日、艦内編制令にも大大的改正が施された。どんな立派な装置、器具を備えつけようと、それを生かすも殺すも終局的には人間なのだ。戦闘編制中に「戦闘幹部」なる部署が設けられ、〈応急防御〉という思想がグッと前面に押し出されてきたのである。振り返るとそれは日華事変勃発のほぼ一月前であったが。

まず副長の職務を、〃戦闘に当たり艦長を補佐する〃としているのは従前どおりだが、〃副長は応急

の全般指揮に関し……、（艦長の）命令を執行する場合には、特に「応急総指揮官」と称す……〃と新たな位置付けをした。

こんな改定で、応急の本家「運用科」は運用長を科長に立て、運用士、掌運用長がその補佐幹部につく。運用科要具庫員、応急幹部員、応急部員の面々が配下に居並ぶという案配である。

戦闘では科長の運用長が〈応急指揮官〉となり、艦長の命を受けて応急戦全般を直接指揮するのはいうまでもない。幹部員のうち運用士、掌運用長は〈応急指揮官付〉になって指揮官の片腕（両腕か？）として奮戦する。その他の幹部員（下士官兵）は、おもに伝令になって走り回り、連絡役をはたすのだ。

さらに幹部連の基盤になって活動するのが〈応急部員〉、〃鳶《とび》の者〃たちである。通常かれらは数個の班に区分し、一連の番号を付けて第一応急班、第二応急班……と呼称される。士官あるいは特務士官、准士官の誰かが〈応急班指揮官〉となって作業の直接指揮をする。

応急班員にはふつう運用分隊の水兵員をこれにあてる。だが、そのほか機関科員、工作科員、主計科員、飛行科員、または整備科員の一部とか、ほかに戦闘配置のない司令部付を充当すると決められた。応急は多くの場合、仕事の内容からして人海戦術での戦いが必要なのだ。かつ応急班員はその作業に応じ、さらに区分されて防火員、防水員、防毒員、破壊物処理員、警戒員、傷者処置員などと正式に呼称することにもなった。

機関科員など戦闘中は忙しそうに思えるが、本業の機関運転業務を妨げない範囲で、その一部は弾薬供給員、応急員または注排水員の業務を補助すること、とも決められている。
そうして〝応急防御二本柱〟の片方、「工作科」の編制は左記のようになった。幹部が、
工作長　工作士　掌工作長
現場が、
工作科要具庫員　工業部　注排水部
と、工作長以下の指揮部ならびに二個作業部門の構成である。

「注排水部」開店

では、応急防御の中枢にのし上がってきた〝注排水部〟の中味を見てみよう。

「注排水部ハ注排水装置オヨビソノ付属装置ナラビニ所属人員ヨリ成ル
注排水部ハ注排水装置装備ノ状況ニヨリ、ソノ一部マタハ全部ヲ置カザルコトヲ得」

と、まず規定された。注排水部の編制は「注排水部指揮官」を長とし、彼は艦長の命を受け、注排水装置の操作による注水作業、排水作業を指揮する者とされた。通常は工作長をこれに充てるが、時と場合によっては、分隊長または乗組士官を充てることも可、とされた。

「注排水部付」たる幹部は注排水部指揮官の命を受けて彼の業務を補助し、また必要があれば一部のパートを指揮するのが役目だ。若手の士官、あるいは特務士官、准士官がこれに充てられる。〝注排水員〟とは注排水部に所属し働き手となる下士官兵の総称で、つぎに記すように区分されていた。

「注排水部下士官　注排水部指揮官マタハ注排水部付ノ命ヲ受ケ注排水作業ニ注意シ、カツ、コレ（科員）ガ直接指導ニ任ジ、マタ要スレバ注排水ノ伝令ニ従事スル者ニシテ、工業部下士官ヲ以テ之ヲ兼ネシムルヲ例トス
管制装置員　注排水管制装置ノ取扱ニ従事スル者
弁開閉員　注排水弁ノ開閉取扱ニ従事スル者
ポンプ員　主トシテ注排水ニ使用スルポンプ等ノ取扱ニ従事スル者」
以上が主要なメンバーで、さらに補助員として通信伝令員が配置されることになっていた。
そして、
「ポンプ員以外ノ注排水員ハ、工業員ヲ以テ之ヲ兼ネシムルヲ例トシ、必要ニ応ジ機関科員、整備科員、応急員、弾薬供給員等ノ一部ヲシテ之ヲ補助セシム
注排水部員ハ前項ニ規定スル者ノホカ、ソノ配置ノ場所ニ応ジ注排水部指揮所員、前部注排水管制所員、第一弁開閉室員等ト区別呼称スル」
と、注排水作業を実施するにあたっての担当細項が決められたのであった。
いってみれば、注排水作業は工業員の副業である。いや、副業といってはいけないだろう。たとえば潜水艦の乗員にしても、浮上時と潜航時では配置が異なる例が多い。どちらも正業だ。これと同じである。なおポンプ員だけは、常務においても戦闘でも、もろもろのポンプを運転・整備する補機分隊員が従事したのだ。
注排水部指揮官である工作長は、艦内各科の船体や兵器、機関あるいは諸装置の破損等に

対する応急修理作業に当たっては、各科の長を援助すること、とくに応急に関しては運用長に密接に協力することが正業での仕務とされていた。かつ、こうした工業やら注排水作業を妨げない範囲で、部下の一部を必要に応じ艦内各部に派出して、「配置先各上官ノ命ヲウケ服務サセルモノトス」とも定められていたのである。こちらは工作科員の副業だ。

「応急指揮装置制式草案」制定

さて、すでに「注排水指揮装置制式」という定めがつくられたことを記したが、昭和一二年七月一四日、さらにそれを発展的に改正した、「応急指揮装置制式草案」と名付ける規則集が制定された。またまた規則、規定のラレツになり恐縮なのだが、大事なところなので何とぞご容赦いただきたい。

「第一条　本制式ハ戦艦ノ防火、防水、防毒、傾斜復原、破壊物処置、傷者処置等ノ応急作業指揮ニ必要ナル諸装置ノ設備要領ヲ規定ス

巡洋艦、航空母艦、潜水母艦オヨビ水上機母艦ハ本制式ニ準ジ、ソノ艦型ニ応ズルゴトク施設ヲ行イ、ソノ他ノ艦船ニオイテハ特ニ施設ヲ行ワズ

第二条　本制式ニヨリ設備スベキ指揮所、待機所オヨビ管制所、左ノゴトシ

第一応急指揮所　第二応急指揮所　応急班待機所　注排水指揮所　注排水管制所　弁開閉員待機所」

と、〝制式草案〟は始まっている。

読んでお分かりのように、今回制定の規程はたんに注排水指揮だけに止まらず、防火、防水等を含む一般の応急防御指揮までカバーしようとするルール集であった。そのため指揮所等の数も増えている。

第一応急指揮所は司令塔内に置かれ、応急全般の指揮をとるのに必要なディバイスを設備をすることになっていた。住人はもちろん応急総指揮官の副長サンである。一方、第二応急指揮所は前檣下方の適当な位置に設けられた。防毒区画になっており、弾片防御を施すことに定められていた。こちらの主人は応急指揮官・運用長であった。

応急班待機所は六ヵ所に置くのが標準だ。第一班待機所は艦橋付近の最上甲板。第二班は上甲板前部が指定されており、第三～第五応急班には上甲板中部が所定の場所とされていた。第六応急班待機所には中甲板後部が指定。ただし、以上は原則、艦の構造やら艤装の関係で多少の変更は許されていた。

「第八条　弁開閉員待機所ハ前部、中部オヨビ後部ノ三待機所ニ分カチ、ソレゾレ各注排水管制所配属区画ノ弁開閉ニ便利ナル位置ニ之ヲ設ケ、独立セル区画トナサズ必要ナル通信装置ヲ装備ス」

とも定められていたが、各指揮所、応急班待機所に備え付けられる備品については、

「第九条　第一応急指揮所ニハ

応急指揮用図表　喫水通報器受信器　傾斜計　舵角受信器　速度受信器　注排水通報器受信器　空気伝送器　直通電話器　交換電話器　高声令達器放声器　伝声管

ヲ備ウ
第一〇条　第二応急指揮所ニハ
応急指揮用図表　喫水通報器受信器　傾斜計　速度受信器　空気伝送器　直通電話器　交換電話器　高声令達器放声器
ヲ備ウ
第一一条　応急班待機所ニハ
直通電話器　交換電話器　高声令達器放声器
ヲ備ウ
第一二条　注排水指揮所ニハ
注排水指揮盤　喫水標示器　傾斜計　ＧＭ標示器　舵角受信器　速度受信器　注排水通報器発信器　直通電話器　交換電話器　空気伝送器　高声令達器放声器
ヲ備ウ
第一三条　注排水管制所ニハ
注排水管制盤　直通電話器　交換電話器　空気伝送管
ヲ備ウ
第一四条　弁開閉員待機所ニハ
直通電話器　空気伝送器
ヲ備ウ」

とされていた。第一五条には諸装置の概要が説明されている。重要だが前に記した、「注排水指揮装置制式」の項で述べた内容とほとんど変わらないので、ここでは再記を省略することとする。第一応急指揮所にある舵角指示器、注排水通報器受信器が第二応急指揮所にはない。これは応急総指揮官である副長と応急指揮官である運用長の立場の違いを、はっきり示しているといえよう。応急指揮用図表は注排水指揮所にはないのだが、ダメ・コン作業を統合指揮するためには、ぜひとも必要と考えられる艦内全般各部の状況概略を標示し得る図表であったと思うのだが。

応急教育の〝改装〟に大わらわ

これら注排水装置装備を含む一連の戦艦・巡洋艦等の近代化はあちこちに影響を及ぼしたようである。

昭和一三年一一月二八日、海軍航海学校規則にも変更があり、運用術関係の練習生制度に改正が施されている。

普通科運用術操舵練習生　六ヵ月
普通科運用術応急練習生　六ヵ月
高等科運用術操舵練習生　六ヵ月
高等科運用術応急練習生　六ヵ月

となった。かつて分科していなかった普通科教育も、操舵、応急の二科に分けての実施となったのだ。〝狭く、深く、短期に〟ということであったろう。

そして同年一二月一日には、航海学校教育綱領も改正され、運用学生の教育は、「応急術」として、

応急要務、応急指揮法、防火防水傾斜復原、破壊物処置法、応急指揮諸装置、応急要具器材、化学兵器、各種防毒法、列国艦内防御上重要事項

の諸教科を学ばせ、「造船学」として、

船体諸性能、その他艦内防御上重要事項

を修習させるようになった。

付随するように、普通科運用術応急練習生の教育では、「応急」として、

応急要務、被害探知、報告通報、各種応急法の概要、応急指揮装置の概要、各種応急要具器材、化学兵器、各種防毒法、船体の構造、閉鎖装置、艤装、諸管装置、防御装置の大要

を教えこむようになったのだ。

高等科運用術応急練習生の「応急術」は〝普運〟でのそれに防火、防水と破壊物処置法が加わった。かつ造船学として船体構造、艤装一般、固定防御および防御性能、諸管装置、閉鎖装置を、「機関術」「工作術」の一科として、運用応急に関係する補助機械、応急工作を学ぶようになったのである。

当然ながら、同時に工機学校教育綱領にも改定があった。

高等科学生の教育科目中、本科教程の工作術は、金属工業、木具工業、応用工作、注排水法、潜水術となった。昭和九年七月二八日の〝高学〟新設時には入っていなかった注排水法が、新たに加わっているのだ。

下士官兵教育では普通科、高等科いずれの機関術、電機術練習生のコースにも、注排水の教科はない。だが、工作術練習生課程では、普通科に〈注排水法大要〉、高等科には〈注排水法〉の教科が設けられた。応急関係教育の大改革といってもよいか。

「艦船職員服務規程」にも改定が加えられた。条文中の「工術」を「工作術」に変え、「工業および潜水」を「艦内工作、潜水および所掌の注排水」に改められている。

「工作学校」「工作兵」の誕生

長くなったが、応急・工作関係教育についての話はまだ終わらない。

昭和一三年一二月一日、海軍軍人階級表の特務士官以下の部類に、新しく「工作科」という官職・兵種をこしらえたのである。これまで本文中に述べてきた〝工作科〟というのは、砲術科とか水雷科とか艦内編制上の、業務がらみの一科であって、軍人としての身分・階級の上での分類ではない。

編制での工業員は、兵種は機関科に属し階級名称も機関兵曹、機関兵だった。が、このたびの改定で、たとえば、海軍工作特務大尉、海軍一等工作兵曹あるいは海軍四等工作兵など

〈図4〉新定された工作科下士官兵の階級章と特技章

と、かれらの官職階名は職務をも表現する新呼称名に変わったのだ。下士官兵の軍服右腕につける階級マークは、図4に示すような製図のときに使う〝割り差し（ディバイダー）〟が新定された。ただしこれは特務士官、准士官以下のことで、工作科に職務を置く士官は機関中佐、機関少尉など、従前のままで階級名称は変わらない。

そしてさらに、チョッと先のことになるが、昭和一六年四月一日、工作術の研究・教育教務は工機学校から分離し、すぐ近くの横須賀・久里浜に引っ越して「海軍工作学校」の看板を掲げたのだ。工作・応急の、機関科からの名実ともに備わった独立（？）であった。といっても、機関と工作は昔から互いに親戚の間柄だ。太平洋戦争が始まり、兵員の階級章が改定されると、両者の兵種識別色は同じ〝紫〟になってしまう。

ともあれこの時分、日本海軍における艦内防御関係の改善はハード、ソフトともに慌ただしさを増していたのである。

「海軍兵学校教育綱領」が新装開店した。

明治三八年二月以来、運用術のなかで〝応急諸法〟として教授されはじめていたそれは、昭和一四年七月二八日の改定で大きく改まる。応急は運用とは別だての術科となり、応急要務、各種応急処置法、化学兵器、防毒法の四科に分けて教えるようになった。また同日、機関学校でも教育綱領を改め、工作教科に〝注排水〟が入った。

さらに工機学校教育綱領は昭和一五年二月一九日に改定となり、普通科学生（機関学校卒業の少中尉が入校する）の工作術に〝注排水法〟が入った。初級機関科士官がたずさわるべき実務の一つとして、ぜひ必要と考えが改まったのであろう。

それからその年一一月には、初めて応急作業に関する「応急教範草案」が定められた。

話が少しソレルのだが、海兵五五期をトップで卒業していた村田益太郎は、大尉のときお上のご都合で、海軍大学の選科学生として九州帝国大学造船科に学ぶハメになった。それは艦隊に下知する提督を望む兵科将校の本道から外れるので、村田は断固入学を拒否した。しかし「海上経験のある優秀な兵科士官を、造船設計に参加させることが現下ではぜひ必要、行け」との至上命令であった。

九大を卒業したときはすでに少佐に進級していた。けれど、位は上でも造船士官としてはまったくの新米である。造船界では適当な配置がないとの理由で受け入れを拒絶してきた。やむなく人事局は村田を技術系兵科将校として配置することを断念し、通常の兵科将校として発令する。「摩耶」運用長（昭和一五年四月）であった。が、彼はメゲなかった。一年半にわたる艦隊勤務中、当時重視されてきた被害局限、すなわち艦船覆没防止のための応急処置の具体策について造船学の立場から研究した。

そして分かりやすい〈応急教範〉と〈応急操法〉の草案を起草し、提出した。航海学校ではこの草案を基礎に正規の教範と操式を発刊する準備を始めたという（「海兵五五期・海機三六期・海経一六期回想録」）。ただし、この村田草案が日の目を見たか否かは定かではない。昭和一九年末までに刊行された形跡はない。だったとすると、なんとも残念なことであった（形跡がないのではなく、あるいは筆者の調べ不足か？）。

WWⅡドイツ戦艦の防御

さて軍縮の一五年間、とくに兵力の劣勢比率に苦しんだ日本海軍は、艦艇戦力の質的向上を図るため、全精力を個艦攻撃力の充実と訓練の精到に集中した。反して、伝統的体質と防御に対する関心・認識の低さから、防御分野の地位と役割が低評価されてきた。艦艇建造の段階からすでに、使用器材の種類、品質、搭載装備法に力が入れられず、また艦内の編制、配員、訓練などすべての面にわたって、攻撃部門に対すると同じような努力が注がれなかったのである。

なのに眼を外に転じてみると、ドイツ海軍にあっては一次大戦で実証した優秀な個艦ディフェンス態勢の近代化を、さらに充実していた。昭和一四年（一九三九年）九月、第二次欧州大戦を発起させると、とくに巡洋艦以上の防御能力の目覚ましい向上を、あらためて全世界に見せつけることとなった。

その顕著な例が、戦艦「ビスマルク」の奮戦である。

一九四一年五月一九日、大西洋上で通商破壊戦を行なうため、僚艦「プリンツ・オイゲン」（中途から分離）とともにゴーテンハーフェン（現・グディニア）を出港した。だが、四日後の五月二三日、「ビスマルク」は英海軍哨戒機に触接され、二四日朝から二七日朝まで、約三昼夜にわたって空水部隊の執拗な反復攻撃にさらされることとなった。

この間、同艦は戦闘開始早々、一四インチ砲の斉射によって敵包囲艦隊旗艦「フッド」（四万五〇〇〇トン）を撃沈する。

対して、自艦は多数の砲弾、魚雷の集中攻撃を受けながらも約七〇時間にわたって攻撃力、運動力を失わず、孤軍奮闘している。しかし、最後は舵機を破壊され、ついには全艦火に包まれてしまう。英戦艦の巨砲による水線下への多数の被弾に対しても、また飛行機からの激しい雷撃にも「ビスマルク」の防水区画は無類の強靭さを示し、浸水を局限し安定した浮力を維持している。それればかりでなく、重要動力とくに砲戦動力と推進動力は最後まで麻痺することはなかった。沈没の直接原因は自沈とも、「ドーセットシャー」発射の三本の魚雷による止めだともいわれている。

仮定の話だが、もしも太平洋戦争で、マレー沖海戦の英二戦艦に代わって「ビスマルク」級二隻が置かれていたら、どのような戦闘展開になったであろうか？

英海軍においては、ダメ・コンの近代的システム整備が依然として低調だったようである。「フッド」の沈没やマレー沖海戦などで、防御能力の弱点が随所に露呈されることになる。

ドイツ海軍は、まず仏国の「ダンケルク」級に対抗して「シャルンホルスト」級を、つづいて「リシュリュウ」級に対抗して「ビスマルク」級を建造していた。本艦は公表三万五〇〇〇トンであるが、実際は四万二〇〇〇トンに近く、速力は三〇ノット、主砲は一五インチ八門だから、英の「ヴァンガード」に非常によく似た戦艦だ。昭和一五年八月に完成している。

戦艦「ビスマルク」の防水区画は砲撃や雷撃に対し無類の強靭さを示し浸水を局限させた

話をもどす。その五月二一日、英軍哨戒機はノルウェーのベルゲンに本艦「ビスマルク」と重巡「プリンツ・オイゲン」が在泊しているのを発見する。ところが翌日ははや出港したことを知り、大西洋上を全力を挙げてする索敵に入った。五月二三日深夜、英巡洋艦がデンマーク海峡北方でこれを見つける。

翌日、当時世界最大を誇る英巡洋戦艦「フッド」と新鋭戦艦「プリンス・オブ・ウェールズ」が果敢に挑戦。しかし、かえって「フッド」は轟沈され、「プリンス・オブ・ウェールズ」もダメージを受けてしまったのである。

さあ、英海軍はその伝統精神と面目にかけてもこれを仕留めようと躍起になった。大西洋上をくまなく探索し、ようやく発見する。航空母艦「アーク・ロイヤル」の雷撃機によって反復攻撃を加え、ついに魚雷数本を命中させた。

さらに駆逐艦もこれに雷撃を浴びせ、さすがの「ビスマルク」も満身創痍となる。そこへ、戦艦「ロドネー」と「キング・ジョージ5世」が四〇センチ、三六センチの主砲で射撃を加え、止めの魚雷を重巡より放ってこれを撃ち沈めた（ともいわれている）。短い生涯ながら、当時、その勇戦敢闘ぶりは世界の視聴を集めたものであった。

本艦の特長として、外観では分からないが、ダメージ・コントロールの手段、装置が優れていたことには内外の評価が定まった。両者の総合力が、寄ってたかっての長時間攻撃に〝シブトサ一乗〟の抗堪力を示したのである。マレー沖でもしもこの二隻が……？　興味深いところだ。

水中防御は空層式or多層式

こんな欧州での〝英独大海戦〟が戦われていた前後、わが国は例の超大戦艦「大和」型二隻の建造真っ最中だった。列国の有り体も同様。だが、それら各国軍艦の装甲など直接防御については、ここで喋々《ちょうちょう》するまでもなかろうから、間接防御関係のごく一部について見てみよう。

米艦では戦闘力の維持と艦の残存性とに非常に意を注いでいた。第一次大戦以降、他国海軍に先駆けてドイツ海軍の、とくに被害の局限を重視した防御区画構造に学ぶところ大であった。と同時に、この構造に適合した兵器、装備などの配列がより効果的であるよう、いっそうの努力を傾けたようだ。結果、アメリカ海軍はドイツ海軍に次いで、優れた防御能力を整備したといわれている（『世界の艦船』一二五集：「現代軍艦の防御思想」吉田）。

具体的には、水中防御構造の方式に例が見られる。第一次大戦末期の米戦艦は、空層、液層をサンドイッチ状にはさんだ三層の水中防御縦隔壁構造を採用しているのだ。

が、対してわが戦艦「長門」、「加賀」などでは薄い甲鉄三枚張・一重の防御隔壁による空層方式なのである。大正時代の往時、平賀譲計画主任は、この空層式の方が良好としてこちらに軍配をあげ、以後の八・八艦隊艦の全部に本方式を採用した。しかし、のちに計画主任の椅子につく藤本喜久雄造船官は、この平賀評価・判定に疑問を抱いていた。

後年、昭和一〇年ごろから、日本海軍では水中防御法についての実験研究を縮尺模型による方法で再開した。その結果、液層利用の方が優れていることが確認され、当初、「大和」型では空・液層併用の水中防御が実現するかにみられた。

にもかかわらず、水中弾防御に対するアーマー装着によって、水雷に対しての水中防御力はあり余ると判じられ、ふたたび液層は用いる必要なしと結論されたのだそうである。しかし、米海軍では、大改装戦艦にも液層による水中防御を導入するかまたは強化し、新造戦艦にはもちろんこの方式を実行した。

米国では、こうして古くから液層の利用について数多くの実験研究をつづけて、多層式液層を用いる水中防御方式を確立していた。戦艦「ノースカロライナ」では、TNT火薬七〇

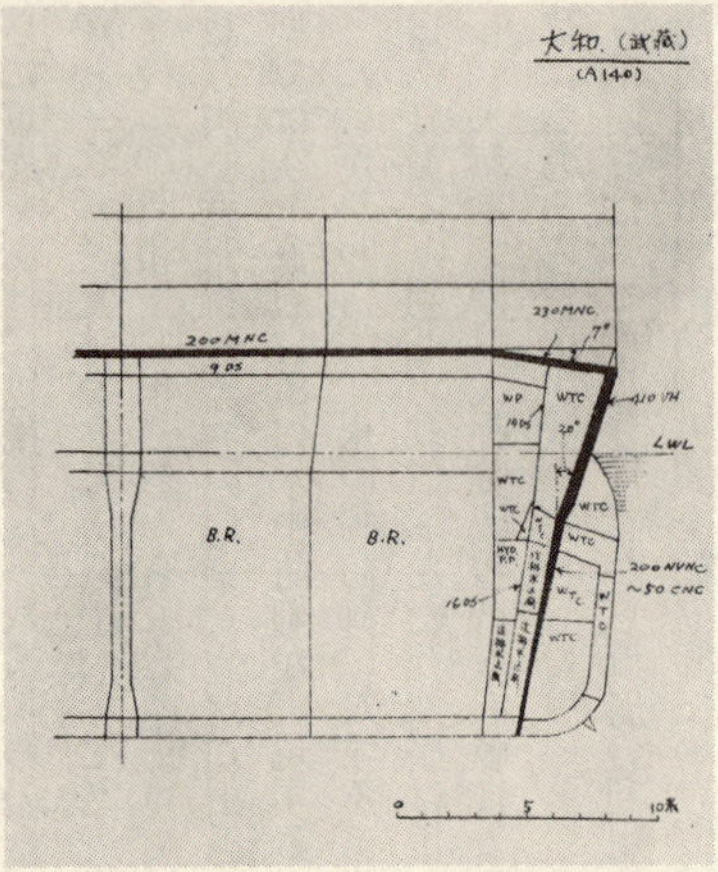

「大和」型は、艦内を多数の防水区画に分割、それにより浸水を食い止めようとした

○ポンド（三一五キロ）の破壊力を対象に水中防御方式が設計されていたという（『戦艦武蔵建造記録』内藤初穂）。

だが、一時棚上げされた液層を利用する「多層式防御法」の有効性を、前記したように藤本喜久雄造船少将は看破していた。空層のみの防御法では、三メートル（？）程度離れた防御板を破るほどまで、スプリンターは破壊力を持つのだと（『牧野茂艦船ノート』牧野茂）。

遅まきながら日本でも、藤本没後に、その着眼は日の目を見るにいたったのだ。空母「翔鶴」「大鳳」には、液層を用いる水中防御方式が初めて適用されている（『戦艦武蔵建造記録』内藤初穂）。もっと早く認識していれば……、あぁ、やんぬるかな。

一方、艦内を多くの〈防水区画〉に分割し、被害によって浸水が生じても、この多数区画で食い止めようとする方式は、「大和」では十分（？）にとられた。在来艦に比べて、防御甲板以下の防水区画はいちじるしく増えている。「長門」の八六五区分に対して、一〇六五区分なのだ。

のちに「大和」が沖縄戦で予想以上に猛烈な敵攻撃に耐え得た理由の一つは、この間接防御の設計が適切だったから……（『戦艦大和　その生涯の技術報告』松本喜太郎）と設計者は言っている。だが、さて……。

あの場合、敵軍が使用すると想定した魚雷の炸薬量は三五〇キロである。これは当時、米海軍で使用中の二一インチ魚雷はもちろん、近い将来諸外国で使われるであろう各種魚雷の効果を予想しての炸薬量だったのだという。

すなわち、「大和」のバイタルパート水中部は、三五〇キロ炸薬の爆発力の艦内侵入を阻止するのにまず十分と考えたうえでの対応策であった（『日本戦艦物語②』福井静夫）。ちなみに、有名な日本海軍の巡洋艦・駆逐艦用九三式酸素魚雷（雷径六一センチ）の炸薬量は四六六キロ、潜水艦用の九五式酸素魚雷（雷径五三センチ）では四〇五キロだった。また飛行機用の九一式空気魚雷（雷径四五センチ）は四二〇キロの炸薬量である。

「大和」完成近し！　だが、こうしてヨーロッパやアメリカに目を向けているうちにも、日米両国間の雲行きはますます怪しくなっていった。

第三章　太平洋戦争前期の艦内応急防御戦

開戦当初の米英艦艦内防御

昭和一六年一二月八日、ついに太平洋戦争開始！

劈頭の真珠湾奇襲作戦では、一般に航空攻撃の絶大な威力が強調、報道されている。だが、もちろん本書では敵味方の防御戦、応急戦に目を向ける。以後の多くの海戦、戦闘についても同様だ。

すなわちあの日、わが九本の魚雷を喰いながらも適切な対応により、船体を水平に着底させた米戦艦「ウェスト・ヴァージニア」の処置は高く評価されている。これに比べて、「カリフォルニア」はわずか魚雷二本、至近弾一発で腰を抜かし、尻もちをついてしまった。下部区画のほとんどはハッチもマンホールも閉鎖されておらず、防水作業不十分で沈没したと指摘、非難されている。

「アリゾナ」の沈没についても批判がある。一、二番バーベット間の通路が開けっ放し、さらにはその付近の黒色火薬庫扉が開いていた等々と。火薬放置の疑いも持たれている（「世界の艦船」・四三六集：「ダメージ・コントロールの歩み」海野陽一）。だったとすると、突然の開戦、奇襲ですっかり慌ててしまったのだろうか。

二日後、マレー半島東沖に、同じく航空攻撃で沈没した英戦艦「プリンス・オブ・ウェールズ」は、先記したように大西洋海域で近代海戦の経験十分であった。本艦はターボ発電機六台、ディーゼル発電機二台で電力を供給する三五〇トン・ポンプ一四基、非常用ビルジ・ポンプ四基を装備し、能書き的には毎時八九〇〇トンの排水能力を有していた。また水線下の防御構造も画期的といえる堅艦と信じられていた。応急指揮所を中心に各部に応急班を配置し、備えは万全のはずだった。であるのに、内実の構えは必ずしもそうではなかったらしい。

最初の魚雷は左舷外側推進器付近に命中し、破孔を生じた。すると、対空戦闘中に新鮮な空気を求めた乗員が勝手に開放したか、あるいは配置を離れるさい閉め忘れたのか、ともかく防水扉を通じて海水が奔入し、浸水は四分間に推定四二〇〇トンに達したといわれている。そのため後部各区画では計五基の発電機の運転が停止。通信連絡が不十分になり、応急指揮所は艦内状況が把握できなくなる。以後、後部の照明、対空砲台は最後まで作動しなかった。士官たちは応急注排水処置に習熟しておらず、適切な応急班の指揮もなされなかったようだ。

だから戦闘後の、砲術長による防御に対しての所見は手厳しい。

「応急指揮官の地位を機関科士官の全責任に委ねる従来の制度は、間違いではないか？　応急指揮官たる者は広い範囲の職務を所掌し、より独断の処置を許可されて積極的に行動すべきである。フランス海軍で実施している〝内務長〟制度を導入することが望ましい。しこうして内務長は戦闘時のみならず、日常の艦内生活においても広範な権限を保有し、居住区、通風装置、水防区画、防火隊、応急工作班等について常づね指揮管理に当たり、戦闘時には艦長に次ぐ権限を持って被害の局限に努めるべきなり」（同前）とである。これは他者海軍にとっても、示唆に富む提言であった。

パールハーバーに戻る。一六年一二月八日未明、日本航空艦隊の猛攻の主対象になった真珠湾内戦艦群は、いずれも最初の一撃でパニック状態に陥った。この混乱に輪をかけたのは艦内の通信機能の喪失、防御活動を阻害する猛烈な黒煙や、有毒ガスなどの発生であった。さらに消火放水のための動力途絶、防水扉蓋の開けっ放しによる浸水の瞬時拡大。このため大多数の艦はまったく為す術もなく廃墟と化し、転覆着底するという悲惨な結果をまねいてしまったのだ。

それもまあ、無理ないと言えないこともなかった。平時から戦時への、予告なしの状況一変だったのだから。

が、ともかく真珠湾におけるこのような苦い体験から、米海軍はただちに艦内防御能力のいっそうの向上を目指す。被害に有効に対処しうる防御器材の開発、そして応急防御体制のあらためての新編へと。ならびにこれらを有効に機能させるための教育訓練方式の根本的な改革に、全海軍をあげての努力を開始し、結集したのだ。賢明、俊敏といえる。

「翔鶴」応急戦をかく戦う

ならば、対する日本海軍の応急防御戦、戦備はどうであったか？

緒戦の好調すぎる好調に安座していたわが海軍が、痛烈な敵の一発を喰らったのは「サンゴ海海戦」においてである。昭和一七年五月八日に生起した、初の〝空母vs空母〟戦だったが、新鋭空母「翔鶴」が手傷を負った。

応急指揮官は運用長の福地周夫少佐である。彼のもとへ、「前部応急班報告、前甲板に爆弾命中、火災」という第一報が届いた。時間は午前一〇時ころ、場所は前甲板の左舷側であった。見れば両舷の主錨は吹き飛ばされ、投揚錨装置は全部破壊している。飛行甲板も先端が上方にまくれ、飛行機の発艦を不能にしてしまった。

前部飛行機エレベーターは陥没し、中途で動かなくなっている。もっとも危険だったのは、前甲板右舷下方にあったガソリン庫に火がついたことであった。ここには航空用ガソリン一万リットルが格納されている。それが猛烈な勢いで燃えだしたので、付近は火の海と化し黒煙は空を覆った。

応急員が前部火災場の防火にかかっているとき、こんどは後甲板に第二弾が命中した。このため後甲板に格納してあった短艇類が火災を起こし、短艇の揚げ降ろし装置が全部破壊。だけでなく、爆弾炸裂によって機銃員、整備員等に多数の死傷者が出た。

前部揮発油《ガソリン》庫の火災はますます猛烈に燃え盛るばかりで、なかなか消えない。そこで、揮

サンゴ海海戦の爆弾命中で損傷した空母「翔鶴」の前部エレベーター

発油庫後方の扉を十分に閉鎖し、火災が艦内に燃え移るのを防いだ。そうしておいて、運用長は後部の火災現場へ回ることにする。

飛行甲板を駆け抜け、右舷一一番機銃座から後甲板に降りようとした。機銃員の死体を乗り越えて下方を見ると、後甲板一面が真っ赤になって燃えている。しかし、そこは艦尾。すなわち、航進しているかぎり前方へ燃え広がる心配はない。

後部応急班が懸命に消火に努めている。ならばよしと、防火作業はかれらに任せ、運用長はふたたび前部の火災状況やいかんと飛行甲板に出てみた。しかし艦は三〇ノットの速力で猛進している。風圧が強く、吹き飛ばされそうになって前へ進めない。

やっと艦橋のところまでたどり着き、そこから艦内へ降りて応急指揮所に入った。そのときである。「レキシントン」から発進した第二波の敵攻撃隊が上空に迫ってきた。艦橋の見張員長が「急降下ッ！」と報告した途端、第三弾が艦橋後方信号マストに命中したのだ。ブリッジ後方にいた者は全部爆風によって海上に吹き飛ばされ、かろうじてデッキに残った人間はどこにも負傷はないのに絶命していた。

敵飛行機はようやく攻撃を終えて退散する。航海長は消火作業に都合がよいよう、艦首を風下に向けてくれた。これは大助かりであった。さすがはベテラン船乗り。総員が前部火災箇所の消火に全力をつくすことができ、さしもの揮発油庫の大火災も消し止めることができたのである（『空母翔鶴海戦記』福地周夫）。幸い魚雷による浸水被害のなかったのがラッキーだった。工作長は用無しで済んだ。この意味、もうお分かりでしょうね。

「翔鶴」応急防御法を改善

「翔鶴」の防御力は本来優れモノであった。軍令部の要求によって弾薬庫は八〇〇キロ爆弾の水平爆撃あるいは二〇センチ砲弾に耐え、機関室は二五〇キロ爆弾の急降下爆撃と駆逐艦の砲弾にシレッとしていられるよう、設計されている。さらに軽質油タンク（ガソリン庫）の防御も強化してあり、また対水雷防御も優秀。缶室部では四五〇キロ爆弾の爆発に対する防御として、外板内方四メートルの場所にＤＳ鋼二重板の防御縦壁を設けている。外方より合計五層の外板として、この中の所要区画は重油タンクに利用し、液体による防御力増加の方法がとってあるのだ。先記「水中防御は空層式or多層式」の項をチョッと見ていただきたい。

内地に帰還した「翔鶴」は呉工廠で修理に入った。サンゴ海海戦で火災の恐ろしさは身にしみている。ともあれ難燃化だ。たとえば艦長室ですら、壁の塗料は剝ぎとられ、燃えやすい物は一切取り外され、艦内はガランとしてしまった。

そんななか、艦の幹部も大幅に代わり、福地運用長は居残ったが艦長には有馬正文大佐が新着任する。一日《いちじつ》、福地運用長は彼に呼ばれた。有馬艦長曰く「艦の応急処置に関しては全部君にまかせる。今度の出撃前に万全の策を講じ、なんとしても本艦が沈まないように、十分努力してほしい」と。

福地少佐は戦闘防御のため、あらゆる方法を考えた。ふと浮かんだのが煙突の冷煙装置を消防用に利用する方法である。冷煙装置とは、飛行機が発着艦をするときに煙突の周囲から海水を放出し、煙が風によって飛行甲板に流れないようにするアパレイタスである。この放水路を全部防火用に利用する工夫をして、実用化したのだ（ご本人の言）。

また自動車の部品を利用して、移動消防ポンプを特設した。さらに飛行機格納庫の天井一帯に、自動炭酸ガス消火装置を取り付ける。艦内塗料は徹底的に剝ぎとって延焼を防ぎ、燃えやすい物は不自由になるのを忍んで、諸作業に必要な短艇類にいたるまですべて陸揚げしてしまった。こうして艦内防御施設の整備に努めるとともに、この間に応急班の編成と訓練に精をだす。三ヵ月の工事を終え、「翔鶴」は立派に再生したのである。

「日向」爆発、応急功を奏す

ところがそのころの昭和一七年五月五日、端午の節句のめでたい日だというのに、瀬戸内海は伊予灘でトンデモナイ大事件が発生した。第二戦隊の戦艦「日向」が戦闘射撃の訓練最中、主砲塔に爆発を起こしたのである。

第七斉射目が強烈な発射震動を残して打ち出された。すると、なんたることか、右舷五〇メートルほど先の海面に、何番砲塔のタマか分からないが一発ドボンと落ちるのが見えたのだという。

と、発令所から伝令の声。

「艦橋！　五番砲塔火災、火薬庫に注水します」

さらに射撃指揮所からも、慌ただしく連絡が入った。主砲塔に爆発、火災が生じた、と。

五番砲塔にはただちに注水され、他の五砲塔には注水用意がなされる。だが、五番砲塔員はほとんど全滅。注水は中部デッキにあった注水弁を六番砲塔員が開いて海水を注ぎこみ、弾火薬庫の爆発を未然に防ぐことができたのだ。

ややしばらくして、艦橋から高声令達器で、

「五番砲塔火災、応急員五番砲塔へ急げ！」

の号令がかかった。運用科の出番だ。すぐさま応急員は死傷者の救出、搬送に駆けつける。

後艦橋の、露天甲板より一段高いデッキに五番砲塔は大きな口をあけて寄りかかるように傾いていた。

内部の伝声管や張り巡らされた電線は、メチャクチャに曲がって散らばっている。三六センチ砲の砲尾に取り付けられた尾栓が、ネジが欠けて吹っ飛んでいた。

戦艦「日向」の36センチ主砲塔

砲員は爆発の火熱で手や顔の露出部は無惨に焼けただれていた。悲痛なのは何トンもある鉄材に足を挟まれてしまった兵だった。とても人力ではビクともしない。工作科応急員が焼き切り用の酸素バーナーを持ってきて切断にかかった。しかし、破壊した鉄材が折り重なっているので作業がはかどらない。除去が終わったときには、この若い兵の生命は苦痛に苛《さいな》まれつつ絶えていた。

応急員たちは、かれらをつぎつぎに下甲板にある戦時治療室へ運んだ。収容しきれない殉職者は臨時に兵員浴室へと。だが、即死者が多く、最終的に殉職五四名、重傷者は八名に達したという（『軍艦日向の最後』日向会事務局）。

それにしても、訓練中になぜこんな〝トンデモ事故〟が起きたのだろうか。

主砲は、尾栓をきちんと閉めて発砲用の電路をつなぎ、射手、旋回手が檣頂にある射撃方位盤の基針《もとはり》に砲側の追針をシッカリ合わせていれば、トップで引金を引くといつでも発射できる仕組みになっていた。ところが事後調査によると、尾栓が完全に閉め切られていないのに、電路がつながり火管（電気式）から装薬に点火したらしい。したがって、緩んでいた尾栓が爆圧で後方に吹っ飛び、ガスが塔内に抜けて、弾丸を前方に飛ばすはずの圧力が下がってしまった。これが、五〇メートル先に落下したヒョロヒョロ玉、生成の原因になったようだ。

問題は通じないはずの火管に、どうして電流が流れたかである。のちに乗員の間で話し合われた噂によると、五番砲塔では発砲電路の導通テストのさい、〃断〃のはずなのに通じることが時たまあったのだという（同前）。

このようなトラブルは平素から、断然原因を究明しておくべきであったが、結局真因は今もって分からずじまいなのである。ともあれ、こんな事件に応急員が活躍奮闘するようではいけない。

水が出ない「赤城」の応急戦

さてサンゴ海海戦では、「翔鶴」が中破する損傷を負ったものの、敵大型空母「レキシントン」を撃沈し、かろうじて勝利を得て戦いを収めた。だが、この海戦では「瑞鶴」「翔鶴」とは別に、ポートモレスビーの攻略部隊の一艦として行動した小型空母「祥鳳」（一万一二〇〇トン）が敵に狙われるところとなった。

昭和一七年五月七日、〇九〇七ころから敵空母機およそ九〇機が来襲、第一弾が命中したのが〇九二〇である。味方の迎撃戦闘機はわずか六機。多勢に無勢――あいついで爆弾、魚雷が命中し、その数はじつに爆弾一三発、魚雷七本に及んだ。総員必死の防火、防水作業にもかかわらず、たちまち全艦火炎に包まれ、浸水は上甲板に達する。その速さ、すさまじさはもう、応急の防水のという域を超越していた。凄惨の極みであった。

伊沢石之介艦長は、初弾命中タッタ一〇分後には、はや総員退去を下令しなければならない状況だったのだ。全没したのは〇九三五である。応急総指揮官である副長宿谷俊三中佐ほか六六二名が戦死し、救助されたのはわずか二三％、二〇三名だったと記録されている。

南雲機動部隊の旗艦「赤城」。写真はインド洋作戦時

その一ヵ月後の六月上旬、わが連合艦隊は総力を挙げてミッドウェー海戦を戦い、夢想もできなかった大敗北を喫してしまった。なんと、主力空母四隻が全滅したのだ。

ここに書くのも辛いが、キャリアそれぞれが沈没にいたるまでの状況、そしてわが応急戦の模様をのぞいてみよう。まず南雲機動部隊の旗艦「赤城」から。事が起きたのは、昭和一七年六月五日の午前であった。ミッドウェー島への第二次攻撃隊を発進させるため、攻撃兵装の雷爆転換作業で各空母の飛行甲板、格納庫はゴッタ返していた。しかも上空直衛機は、来襲した敵雷撃機迎撃のため低空へ降りていて、上空は空ッポ。おりもおり、こんなときに敵艦爆が飛来、わが空母を狙ったのである。かれらには幸運、味方にとってはきわめて不運であった。

「赤城」にはガン、ガン、ガンと三発が命中する。〇七二四ころだったという。一発は中部リフトの後ろ角に当たった。たちまち飛行甲板上の飛行機が燃えだす。中部格納庫では爆破した飛行機から搭載してあったガソリンが流出し、デッキの傾斜に沿って流れていく。周りには積みかえのための魚雷、爆弾がゴロゴロ置いてある。発火、誘爆。すぐに消火栓が開かれ、応急員がホースを引いて走った。

応急総指揮官は副長鈴木忠良中佐、応急指揮官は運用長の土橋豪実中佐、その下に掌運用長近藤特務少尉が付いてガッチリ防御陣を固めていた。火煙をくぐって奮迅する土橋運用長の形相は鬼のようだった。だが誘爆は驚くべき震動をともないながらつづく。一機、一機と火は移り広がる。やがて艦橋構造物も燃えはじめ、司令部も艦長もラッタルを降りて飛行甲板の前部へ移動するハメになった。鈴木副長も「火を消せーッ！」「火を消すんダーッ！」と必死に怒鳴るのだが、応急員からの返答は「水が出ませ〜ん！」であった。どこもが一斉にバルブを開くため、水圧が下がってしまうのだ。

下甲板以下は近藤〝掌運〟以下がしっかり保全しているし、魚雷の命中もなかったので、浸水はない。だが、強圧通風をかけている缶室へ煙が流れ込むようになった。誰も配置に立っていられない。やむなく「缶室員、上へ」の号令がかかる。

もはや、正常な運転航行は不可能だ。下甲板以下の〝防水〟は鉄壁なのだが、ついに、山本GF長官から「赤城」処分の命令が出された。第四駆逐隊の手によって魚雷が発射され、二～三本が命中する。それに先だって、退去していた土橋応急指揮官が部下を引き連れてふたたび艦に戻り、厳重に閉めてあった防水扉や舷窓を片っ端から開けて回った。水を入れるのだ。

艦影を没したのは、六日〇二〇〇ころだったといわれている。

格納庫大火災「加賀」の応急戦

「加賀」に敵降下爆撃機がかかってきたのは、五日の〇七二二ころであった。第一、二、三弾はかわしたが第四弾の命中を許してしまった。本艦も降爆の来襲に気付くのが遅れたのだ。さらに七、八、九弾と立てつづけに命中する。命中箇所は中央部エレベーター、右舷後部、艦橋の左前部、前部飛行甲板だったので、露天甲板一面が火に覆われてしまった。いずれも二五〇キロ爆弾。

艦橋への命中弾で、岡田次作艦長以下多くの配置員は一瞬にして即死した。兵科将校の先任者となった天谷孝久飛行長が「加賀」の指揮を継承する。第九弾は格納庫に入って爆発し、これが大火災の原因になった。

被弾による格納庫の中の混乱状況は「赤城」と同様である。火勢が強く、炭酸ガス消火装置を発動したが間に合わない。消火ポンプ系統も破壊したため、ほとんど有効な消火作業は行なえなかった。艦内の各所に火災が発生するが、消火ホースから水が出ないのだ。「赤城」と同じであった。追われるように生存者は、右舷後部のボート・デッキに集まる。

応急総指揮官は副長川口雅雄大佐だったが、艦長とともにすでに戦死していた。ついに先任将校天谷飛行長は鎮火の見込みなしと判断し、「総員退去」を命じた。

駆逐艦「萩風」「舞風」の短艇で生存者の移乗を開始したが、完了するまでに、かなりの時間がかかった。

そんな怱忙《そうぼう》の中の「加賀」を、米潜水艦が狙うところとなったのである。魚雷三本が向かってきた。空気魚雷なので雷跡ははっきり認められる。なんとか二本は外れ、一一一〇、最後の一本だけが後部左舷の短艇甲板下に命中した。が、幸いそれは不発となり、爆発は起こらなかった。ちなみにこのときの敵魚雷は、日本の航空母艦に命中した最初の潜水艦魚雷である。

魚雷が当たったのは、〝総員退去〟の命令が出てから四〇分後だったが、大多数の乗員はまだ艦首上甲板と艦尾ボート・デッキに残っていた。艦長と応急総指揮官・副長の戦死は防御の足を引っぱった。しかし、「加賀」の命運はついに尽きる。前後の軽質油庫に引火して大爆発が二回も発生し、沈没してしまったのだ。一六二五であった。

消火不可能「蒼龍」の応急戦

「蒼龍」への敵艦爆からの着弾は、〇七二五すぎであった。たちまち火災を発生する。そのときの格納庫内は「赤城」や「加賀」とまったく同様、燃料満載の飛行機、それから爆弾、魚雷でいっぱいになっていた。飛行甲板上には上空警戒のための戦闘機が発艦準備をしており、第二次攻撃機の一部も準備を整えていた。

そこへ爆弾である。まさに、薪に油をブッカケておいて火をつけるようなものであった。つぎからつぎへと誘爆し、飛行甲板がめくれ、たちまち艦内中に炎は拡がっていった。これを見て、壱岐密航海長は、艦長に「フネを止めましょう」と進言する。

「両舷停止」「後進全速」の号令までは、機関科指揮所に通じた。だが、その処置のあと、艦橋と機関科との連絡はゼンゼン不能になった。まもなく左舷中部から蒸気が吹き出し、〇七四〇ころには四基すべての主機械が停止してしまう。小原尚副長、甫立《ほだて》健運用長以下、防火に努めていた乗員も火炎に追われて、やむなく外に出る。ついに消火不能！「蒼龍」にはもはや自力での航行能力はない。

柳本柳作艦長はこの状況を見て、万事休す！と判断したようである。〇七四五、艦を放棄することを決意し、総員に退去を命じる。警戒駆逐艦「濱風」「磯風」に移乗を開始し、一五〇二には終了した。副長ほか艦橋配置の者は、ロープに縋《すが》って直接海に入ったという。

そのとき、フネに残った応急員であろうか、錨甲板からなお、格納庫へホースで放水しているのが退艦者の目に映ったそうである（『航空母艦　蒼龍の記録』蒼龍会）。

一六〇〇ころ、火勢がいったんやや衰えたかに見えた。駆逐艦に移乗して状況を見守って

ミッドウェー沖で被弾炎上する日本空母群

いた楠本幾登飛行長は、火災さえ消せればこのまま曳航して避退できる、との考えを抱いたようだ。「蒼龍」は当初、被爆してからも水平に浮かんでいたからであろう。傾斜さえなければ、沈没はしにくい。楠本は専門外にも関わらず、自ら防火隊を編成してフネに戻り、艦を救おうと準備を始めた。応急指揮官の甫立運用長はすでに戦死していた。甫立は日露戦争前の明治三五年に海軍に入った、水兵出身（掌水雷）の海上に明るい古豪だったのだ。彼がいれば、なにかいい知恵もあったかもしれないが。

ところが、準備中の一六二〇、「蒼龍」は突然大爆発を起こした。そして、艦首を上げて静かに姿を消したのであった。火薬庫に火が入ったことによるもの、と推察されている。「加賀」と同じであった。戦死者は准士官以上三五名、下士官兵六八三名とされている。

ただ、柳本艦長は、副長以下の退艦を見届けた後も断固、自身の退去を肯《がえ》んぜず、守所・艦橋を離れなかった。合掌！

誘爆の連鎖「飛龍」の応急戦

「飛龍」に敵爆弾が降ってきたのは、前記三艦より遅れてその日、一四〇二であった。飛行甲板前部に一発。つづいて三弾命中する。

当時、「飛龍」の飛行甲板には飛行機を置いていなかったため、ここでの火災はなかった。だが、格納庫に火の手が上がり、さらに中、下甲板に燃え広がっていったのである。このときの有様を、二航戦参謀久馬武夫機関少佐はこう回想する。

「命中の瞬間、艦がバラバラに解体されて、高速力のまま海中に突入するのではないかと思うほどの大震動が起き、同時にものすごい爆風と猛煙で一時は何も見えなかった。たちまち格納庫からすさまじい火炎が噴き出し、みるみる艦内に延びていった」

応急総指揮官は副長の鹿江隆中佐、応急指揮官は杉本明次少佐。応急処置の命令がつぎつぎと出され、誰もかれも必死の防火にかかった。火炎のため、砲側の高角砲弾がポンポンと間断なく爆発する。格納庫内では折から薄暮戦に備えて準備中であった爆弾、魚雷が大音響をあげて誘爆し、全艦火の海に包まれたよう。機関室へも容赦なく猛煙が襲いかかり、噴きこんだ。

最初のうちは消防ポンプもよくきき、作業も順調にいったので、これなら鎮火できるかも、と思われた。なのに、やっと火が消えそうになると、またも爆弾、砲弾が誘爆するという有様だった。

一四二七、操舵室が火災となり、グルグル艦が回ってしまうので人力による応急操舵に転換することにした。猛火は去らない。一四三五、弾火薬庫に注水する。一六三〇、傾斜は左七度となった。一八二五、ついに艦橋も火災となる。

状況の深刻化は進む一方であった。一九〇五、駆逐艦「風雲」が左舷側より、さらに一九四五には「谷風」も右舷から消火に入った。危険を冒して両艦は「飛龍」に横付けし、ホースをドンドン繰り出し、放水する。だが、猛火はすでに下部の方にも回っていた。しかも煙がひどく、現場の状況は皆目不明。ここぞという火源に、ホースの筒先を向けることが不可能なのだ。消火作業はきわめて難航する。

とりわけ機関科の状況は酸鼻をきわめた。指揮所から「機械室は猛熱で非常に苦しい」と訴えてくる。鹿江応急総指揮官は数班の決死隊を編成して艦底へ向かわせ、閉じ込められている機関員たちの救出の手立てを講じることにした。だがそこへ行こうにも、通路の隔壁が灼熱していた。消防ホースで水をかけながら進むと水はたちまち蒸気となり、あるいは熱湯が頭から降りかかってくる。いかんせん、機械室まで到着できなかった。

二〇〇〇、やむを得ず艦を停止させる。火さえ消えれば、の願いは空しくなった。機関科は指揮所のみならず、各パート全員戦死との判断のもとに、二三三〇、総員集合の号令が発せられた。二三五〇、加来止男艦長の訓示がなされ、ついで山口多門司令官の訓示が行なわれる。

時計の針が六日に回って〇〇一〇を指したとき、加来艦長は軍艦旗降下を命じ、さらに総員に対し、退艦を下令した。〇〇一五であった。「風雲」「巻雲」への移乗は整然と開始され、〇一三〇に分乗は終了したと記録されている。しかし「飛龍」は、大きく傾きながらもなお、捨てられることを拒むかのように浮いている。

山口司令官は退艦する鹿江副長に対し、駆逐艦に移乗したらその艦の雷撃で「飛龍」を撃ち沈めるよう命じていた。〇二一〇、「巻雲」は「飛龍」に向かって、二本の魚雷を発射した。一本命中したのが確認されている。

加来止男大佐は「飛龍」の艦長として、山口多門少将は「飛龍」を乗艦とする第二航空戦隊司令官として、沈みゆく艦と運命をともにされた。黙禱！

「大和」、不沈艦たり得るや
ミッドウェー海戦は天下分け目の決戦であった。だからこそ、わが連合艦隊は全力を挙げて米艦隊に戦いを挑んだ。十分勝てる戦さだった。なのに、大々敗北。主要空母四隻全沈という、あまりにもヒドイ閉幕で終えている。

各艦の被爆から沈没にいたる経過の概要は、すでに記したとおりだ。それにしても、なんとかならなかったのか？　応急防御態勢に抜かりはなかったのか？　とグチの一つもこぼれようというものだ。

いや、じつは〝火〟のことも〝水〟のこともなんとかしよう、しっかり防ごうとの研究は、ほかならぬ戦艦「大和」の艦内で、戦争開始直後から従前に勝る努力がなされていた。

「大和」が竣工、就役したのは昭和一六年一二月一六日だったが、艤装中の九月、一〇月の足掛け二ヵ月間、黛治夫中佐(のち大佐。戦後、砲術研究家として有名になる)が副長の職にあった。彼は完成間近い「大和」を見て、「浮いているモノは沈む。だが、この艦には、そんな憂き目を見せてはならない」とかたく決意したようだ。

関係上層部に「艦首側の兵員居住区を潰し、軽量のスポンジ・ゴムを充塡して浸水防止を図れ」と提案した。また、下士官・兵居住区を二つ減らして大作戦室設置の案も持ちこんだ。しかし、そんな奇抜な案は兵員の日常生活に犠牲を強いるから大反対、と周囲の強い拒否に遭い葬り去られてしまった(『ライオン艦長黛治夫』生出寿)。

ともかく、「大和」のバカでかさには、乗組の者みんな驚いたらしい。夜の副長による巡検に先立ち、甲板士官が下点検に回るのだが、急ぎ足で歩いても三時間かかった。また、たとえば「配置につけ」の号令が発せられても、総員が部署につき終わるのになんと一〇分もかかってしまった。約一一五〇個もの防水区画と数百の防水扉蓋、八〇〇個のマンホールがブレーキをかけていたのだ。

こんなに戦闘配置の完整が慢々的《マンマンデー》では、攻撃も防御もゼンゼン話にならない。さっそく梶原季義副長(黛大佐の後任)、泉福次郎運用長それに今井賢二甲板士官も加わって、改善策立案に取り組んだ。どのような手段を講じたのか、今井甲板士官の回想記があるのでしばし教えを乞おう(『戦艦「大和」ミッドウェー防御戦闘』丸・別冊⑳)。

まず、兵員の居住はある程度分隊編制を崩しても、戦闘配置に近づけるようにした。最下甲板に八室ある約二〇〇名分の居住区は使用禁止とし、不急の可燃物を放り込んで、防水蓋を閉めてしまう。またマンホールも、防毒マスクを背負ってくぐり抜けるには非常なネックになる。そこで中甲板以上の防水扉蓋は、ほとんど「解放」に指定替えした。

そうして、総員が配置についたあと、運用科の応急員がケッチ（止め金の海軍語・catch）を閉めてまわる。こんな方法で「配置につけ」は最初のころの半分、五分で済むように改善された。ただ、ケッチがあまりにも多いため、六〇人の応急班員総がかりで二〇分もかかってしまい、応急指揮官としてはその点が気がかりになるところであった。

艤装工事中に多くの不具合ポイントが発見された「大和」

艤装が終わるまでのマンホールには、約五〇ヵ所もの不具合ポイントが発見され、これは藤本掌運用長がチェックし、修理されていた。が、そのはずなのに、一月下旬の艦底点検ではなおいまだ三〇ヵ所に、ボルトやパッキンの不備、脱落、緊締不良、ボルトの孔のあけ違いなどが発見された。これまでも新造艦では、とかくこういうミスや手抜き工事がありがちだったという。全軍の期待を担う「大和」に、こんなチョンボがあっては困るのだが。〃蟻の穴から堤も崩れる〟とか。もしものことがあれば、〝不沈艦〟の名誉に傷がつく……。

応急戦研究艦となる

昭和一七年二月下旬の某日、軍務局から「大和」の副長、運用長、工作長に対し、面談を求めて来訪があった。話に要点は二つあり、一つは艦内防御についてであった。甲板士官の今井副長付も陪席させられたのだが、要旨つぎのような内容だったという。

戦争が始まってみると、被害が艦内の数ヵ所に同時発生する例が多い。それに遺漏なく対処するには、〝挙艦防御〟の思想を強く打ち出す必要がある。なのに、機関科を風下に置くような兵科優先の現行艦内組織は、いささか適切でないことが明らかになってきた。

そこでこのことを念頭に置き、「大和」において運用科を中心に他科の応急員も加えた新しいダメ・コン組織をつくり、試行のうえなるべく早く結論、意見を出してほしい。だが、この話はなるべく関係者だけで進めてもらいたい。との申し入れだった。しかも定員増を極力抑えて、との注文が付いていた。

さっそく図上プランの作成が始まる。三月上旬、中尉の今井甲板士官（海兵六七期）は運用科分隊長を命じられることになった。そして幾日もたたない下旬、彼は艦内限りで「内務科分隊長」という艦内編制令にはない、変テコリンな名前で呼ばれるようになった。すなわち内々で、運用科を廃止して「内務科」という幻の科がこしらえられたからである。

今回のコッソリ改正の狙いは、応急班を画期的に強化し、被害即応態勢を整備することにあった。だとすると、本務の応急員は数が限定されているので、他科からの兼務応援がたくさん要るのは当然である。試行の結果、約二〇名編成の応急班九個体制が望まれた。しかしどの科も定員ぎりぎりなので、常時派出はシブった。

ところが、「大和」艦内で一番大きな所帯であり勢威を誇る砲術科から、希望に近い援軍を寄こしてもよいとの朗報が得られたのだ。ただし最上甲板と中甲板に、弾火薬庫用の合計三〇個ほどの注水弁があるので、その警戒員を兼ねて、との条件付き承諾ではあったが。この砲術長のOKで、とりあえず六個応急班が整ったのである。

結局、その他の科からの応急員については、補機員、電機員、工作員を各一〜二名ずつ必要各パートに増加する見通しがついた。これにより、防御戦に必須の応急照明、特設電話、臨時動力などの開設あるいは隔壁補強の角材加工などに役立つ、素晴らしい味方を得たようなものだった。あとは飛行機格納庫がある後部応急部に、整備科から人員をもらうことであった。

こうして、実質的に一二〇名を超える仮設・内務科の陣容を整えることができた。

そのほか藤本掌運用長が気を利かせ、艤装時にかなりの木栓ストッパーを準備していた。今回、この準備をいっそう拡充し、複数の区画にまたがるもろもろ多数のパイプの径に合わせ、工廠で木栓や閉塞用具を作ってもらった。そしてそれらを各応急班に、布袋に入れてあらかじめ配っておいた。また泉福次郎〝内務長〟のかねての主張である、可燃物の陸上げも無事終わる。

なお開戦前、当局も太平洋の雲行きを眺めてのことであろう、この木栓等について、考えを持っていたようだ。軍艦史研究家の中川務氏の調査によると、昭和一六年四月当時発布の「海軍公報（部内限）」に、『艦船応急用器材搭載標準』なる規程が載せられているという。破孔防水用については、たとえば「長門」型では大・小それぞれの必要数、駆逐艦では小の必要数、また手提げ式消火器は「長門」型は一〇〇、駆逐艦では一〇〜一六個などと定められていたようである。戦争の臭いが濃くなったので、応急防御の具体的対処の手段も細密にしだしたのであろうか。

かくして軍艦「大和」の〝テスト・ピース内務科〟編成はまずまずの成功を見たといえた。だが、たとえ防御応急部門とはいえ実戦で強くなければならない。さらに多くの試行錯誤を繰り返しながら、速やかに〝陰の有力戦力〟といえる部門に育てていかなければならない。

仮設置の「大和・内務科」

演練三月《みつき》、臨んだのがミッドウェー海戦である。もう少し今井内務分隊長の話をうかがおう。

「大和」以下の主力部隊が、豊後水道を出撃したのは昭和一七年五月二九日であった。さっそく艦内哨戒配備が布《し》かれたが、配備には第三から第一編制まであった。第一配備は全員が配置に張りつくのだが〝総員配置〟と違うところは、日常の業務に必要な最小限の番兵とか厠番など、役員への派出は行なわれ、トイレ休憩があることなどである。食事は、握り飯を主計科が各配置に配給してくれるのだが、なにぶん二千数百人の大人数だ。応急員が手伝って配達した。警戒のユルイ第二、第三配備では各分隊の若い兵隊が、いつもどおり烹炊所へ取りに行く。

とにかく総員が配置につくと、丸ビル（旧）数個分の艦内デッキは、数人の番兵を除き人っ子一人通らず、さながらお化け屋敷の状況となるのだそうだ。不気味～！　応急員たちによる〝おにぎり弁当〟の持ち込み配給応援は、主計科の若い兵には有り難かった。

当初計画の戦闘部署では副長が防御指揮官、運用長が応急指揮官、工作長が注排水指揮官、そして今井分隊長は防御指揮官付だった。

応急班は、前、中、後部に各一個ずつ編成され、指揮官にはそれぞれ上甲板士官、分隊士、掌運用長が指名された。班の指揮所は司令塔と直通電話で結ばれ、交換電話と簡単な状況表示盤がある。各班班員は正規の応急員に剃夫、洗濯夫などの傭人《ようにん》と、部署で決められている各班四名の烹炊員たちを加えて、おおむね二十数名ずつであった。だが甲板は五層もあり、雷・爆弾一発の被害でも敏速な対処は難しい。隣の班まで一〇〇メートル、十数区画も離れているのだ。

もちろん戦闘被害時には副長の命令で、各科から数十名の兼務応急員が応援に来るようになっていた。これが五組ほどある。しかし実際には、戦闘中はまず来られないのではないだろうか。

すでに述べたことからお分かりだろうが、当時の「大和」の防御系統には応急と注排水による傾斜復原の二通りがあり、運用長と工作長がそれぞれの指揮官だった。応急指揮所は艦橋楼の直径四メートルくらいの司令塔内に、注排水指揮所は防御区画内の最下甲板にあった。これをまとめて副長が指揮するのだ。

司令塔は一番副砲の後ろだ。指揮所は五〇センチの甲鉄にかこまれ、当初はここを誰の部署にするか明確でなかったようだ。つまるところ、ミッドウェー出撃時には、副長、運用長(内務長)の二人が入ったのである(このあたり、「『応急指揮装置制式草案』制定」の項をご参照願いたい。前記の説明と少々ズレが見られる)。

内務科、反省点多々あり

ミッドウェー沖の海戦では、幸いにというか、残念なことにといおうか、「大和」の仮・内務科はその効力・威力を発揮しなければならない事態には出食わさなかった。しかし、いやしくも「大和」は連合艦隊の総旗艦——。戦いはしなかったが、艦隊内の各艦所からあらゆる場面の戦訓を集め、検討していた。ここでは、得られたそれら艦内防御戦関係の反省点を眺めてみることにしよう。

防火、防水、破壊物処置、注排水などの応急戦現場で、指揮官に人的損傷が生じた場合、そこでの指揮系統、指揮権の授受をいかにするか、という問題が大きく浮上した。

たとえば、某艦艦内の一ヵ所で火災が発生し、このパートの指揮者は下士官出身の特務大尉だったとしよう。彼の指図で消火が始まった。そこへ兵科将校の少尉の指揮する兼務応急員が駆けつけた。このとき、軍隊指揮権の継承順位を定めた戦前からの「軍令承行令」では、自動的に将校である少尉が特務大尉を差しおいて、その場全員の指揮をとるように規定してあった。しかしそれは、あたかも息子が親父に命令、指図するようなものだ。まことにギクシャクした絵図の展開になってしまう。気まずい空気が流れ、指揮効率も下がる。

こんな関係は兵科と機関科との間にも起こり得る図式であった。注排水指揮官が副長の指揮下にあるときは問題ないが、新たにつくろうとする内務科に所属させるとすると、トラブルが生じかねなかった。中佐の内務長が戦死した場合、応急指揮官の兵科の大尉が注排水指揮官の機関少佐を指揮する場面もあり得たのだ。

これは「機関科問題」として、明治の昔から陰然と海軍部内にくすぶっていたわだかまりであった。艦内にたとえ少尉でも兵科将校がいるかぎり、機関科将校は機関少佐、機関中佐でも戦闘での指揮はその少尉の後尾につかなければいけないのである。内務科が正式に設置されれば、その前にぜひ解決しておかなければならない課題となった。

本件については、上層部で慎重な審議検討が重ねられ、昭和一七年一一月一日にようやく大改正が行なわれた。兵科将校、機関科将校の区別が取っ払われ、兵学校出身者も機関学校出身者も一様に、海軍将校あるいは海軍兵科将校と呼ばれるようになったのだ。

この問題は、戦前は海軍部外にはほとんど知られなかった。が、部内の兵・機将校間では重大なプロブレムだったので、後でもう少し詳しく述べてみたい。ダメ・コンにもおおいに関係あり、なのである。

もう一つ、今井運用分隊長たちの気がかりは飛行科、整備科との関係だった。たった六機の飛行機だったが、大きい格納庫を持ち、人員も運用分隊より多かった。なのに、平素は訓練の都合から飛行機隊は陸上の航空隊に行っており、一般乗員とかれらとの意志の疎通がとかく円滑にいかない憾《うら》みがあった。

整備員は兼務応急員として組織の中に入っているが、艦のほうではその一部を専務員にしてほしかった。内務科としては隣接する左右、上下の内火艇格納庫付近まで、内務科との間に電話をつなぎ、内務長の指揮下に入るのを望んでいた。しかし当時の整備科の鼻息は荒く、自己主張が強くてミッドウェー海戦までそのような措置はとれなかったのである。

だが、ともあれ艦内応急防御体制は、同海戦後、新たな明るい方向に進みはじめることになった。

空母の消火には泡沫噴射式を

先ほど、艦内応急戦の立場から見たミッドウェー海戦での、わが精鋭空母四隻全沈のあらましを述べた。が、この惨状発生については艦隊現場からはいうまでもなく、造船技術陣の中からも強い反省の声が上がった。

第一の痛烈な教訓は、格納庫には極力火災を起こさないよう前もって手段を講じておくこと、装備を施しておくことであった。それには、飛行機にガソリンを積み込む作業を、これまで格納庫内で行なっていたが、今後は飛行甲板とする。したがってガソリン供給管を格納

泡沫式消火装置の実験を行なう空母「飛鷹」——実験結果により、泡沫液としてはガソリンの消火には石鹼水を使ったものが優良と認められた

庫内部に導設しない。爆弾や魚雷を搭載する場所も、庫内でなく飛行甲板上に改める。さらに艦底からの揚弾雷用動力も、電力でなく油圧の方が望ましいと提案している。

〝防火〟など一見小さなことのように見えるが、燃えやすい空母にとっては生死に関わる重要ポイントだ。少々深入りしてみよう。

従来、格納庫の火災消火は炭酸ガス放出装置に頼っていた。しかし、爆撃を受けると庫内には大破孔ができるのが常で、そこから炭酸ガスが逃げてしまい、消火能力を有効に働かせることが困難になる。かつ、炭酸ガスは空気より重く、また窒息性を持つ等の欠点もあった。ガスの一部が下方区画に流入していき、相当数の乗員を窒息死させた例もあったという。にもかかわらず、ほかに適当な方法がなかったためそのまま継続使用されていたのだ。ほかの消火方法を至急研究し、決定しなければならないこととなった。

種々検討した結果、散水方式による消火に目を向けた。だが、なにぶんにもガソリンを対象とするので、ただの海水を用いることはダメ。どうしても泡沫式のものでなければならないと考え、研究実験が進められた。そして、泡沫式消火装置の完成を見たのである。きわめて強力な装置を設け、庫内全面にバブルが降り注ぐよう、噴射ノズルを取り付ける方法にしたのだ。

そのため、防御区画内の前、中、後部の三ヵ所に排出量毎時二〇〇トン、吐出圧力一〇kg／㎠の独立した内火機械付き消火ポンプを装備した。ただし、中央部に煙突用熱煙冷却ポンプを持っている母艦ではこれを利用する。かつ、装置コントロール用の管制指揮所を設置のこととしている。

泡沫液作成は、管中に導入した海水に石鹼液を吸引したうえ、格納庫内の噴出口で空気と攪拌し、濃密な泡を形成してポンプで噴射するのだ。泡沫液としては硫酸アルミニウムと重曹をまぜた混合液使用の方式もあったが、実験の結果、ガソリン消火には石鹼式の方が優良と認められ、こちらを採用したのだ。

以上が、同装置の本格的採用にいたるまでの経緯である。

海軍技研式の消火器を原型に

昭和一七年八月、最初に民間企業C社でできあがった泡沫式消火装置について、横須賀海軍工廠で実験が行なわれた。本消火装置の泡沫発生器は、一般の流量計に用いるベンチュリー管の原理を使い、消防管に接続装備する。管に絞りをつくって海水を通じれば圧力降下を生じ、ここに上部から泡沫発生剤を供給すると、自然に流水中に吸入されて泡を生じ、泡沫送り管を経てバブルが噴出されるという仕掛けになっていた。

実験に使用されたポンプは毎時一〇〇トンのもの。泡沫発生薬剤約一・五トンを用い、四・五m（高）×一八m（幅）×二五m（長）の格納庫内に、九七艦攻二機分程度に相当する可燃物として、ガソリン一一〇〇リットルを置いて実験したのだ。つぎのような成果と所見が得られたそうだ。

1　改善研究の余地はなお多々あるが、ガソリンの火災に対し効力あるものと認められる。

2　短時間に鎮火することは不可能だが、火勢を抑える効果は十分にある。

3　配管終端に近い噴射口は、噴射力がいちじるしく低下するから、配管に改善の要がある。

4　噴射口の配置および構造は、なお研究を要するが、側方からの噴射は効果あり。

と、まあまあの結果が得られたというところであった。しかしながら、本装置による噴射口の吐出圧力は今記したように低いので、噴出範囲が狭い。したがって格納庫内全般に薬液を分散しようとするには、格納庫天井に配管する必要がある、と判断された。

ついで同年九月に、海軍技研化学研究部製の泡沫式消火装置の実験が行なわれた。本装置もやはりベンチュリー管原理の応用である。ポンプによって石鹸液を送ると、空気吸入孔から空気が入り、泡沫となって噴出していく要領のものである。使用石鹼液の濃度は一五％で、噴射口においては一～三％となり、吐出圧力は、七kg／㎠であった。

実験の結果、前記C社のデータと比較して、つぎのような所見が得られたという。

1 泡沫の消火力は同等だが、泡の質量が小さいため飛散しやすい。したがって火力が大きい場合、その効果が減殺される恐れがあり、また耐久力はいくぶん劣っているようである。

2 噴射力は大であって、泡沫の到達距離は約一〇メートル。天井に配管の要がなくて格納庫艤装上有利である。

3 消火剤の消費量は、C社の装置は二〇〇～二五〇kg／分であるのに、技研製は一五％石鹼水一〇〇～二〇〇kg／分で、約二〇％技研式の方が小。石鹼水は約三〇％にまで濃化し得るから、約二分の一程度の薬剤使用にすることができ艤装上有利である。

このような評価が下されたが、さらに両者改良のうえ、再度テストが行なわれた。その結果、C社器はやや良好となったものの、前記のように艤装上の根本的な欠陥があった。対して技研式は、〝おおむね満足する〟と認められたので、以後、技研式を原型に実用化が進められることになった（『造船技術概要・第6分冊』）。

泡沫式装備の実際

いよいよ一一月初め、ゴーがかかる。実戦使用となれば、周辺のアパレイタスを含め、いっそう戦いに用いるにふさわしい工夫がなされねばならない。実艦装備に関する細目方針が決定された。まずパイプラインを集約し、その間隔を予定した二分の一程度、約四メートルとする。すなわち単位面積あたりへの噴射泡沫量を二倍に増やしたのだ。

さらに、爆弾は上部格納庫で炸裂して昇降機と昇降機の間が火災になり、同格納庫甲板には亀裂ができて、下の格納庫の鎧扉で仕切られた区画も火災になるものと想定した。この範囲に同時に散水することとして、各艦は自艦ポンプの力量を決定する。だがそう推定する場合、同時散水面積は全格納庫面積の六〇〜七五%となり、ポンプの装備数が過多となるので、艦の耐弾力、格納庫の広さ等を考慮して運転は四〇〜六〇%でよい。消火時間は実験の結果から見て、五分間でOKと考えた。すなわち第一現場をまず片付けて、次いでつぎの区画に移り、各々これを五分間で消火していく(行ける)と想定したのだ。

開放式の格納庫を採用していた米空母。写真はホーネット

また、床面積一㎡あたりの吐水量を〇・五八五トン/hとし、これによってポンプの力量(台数)を決定する。ポンプは艦の前後部に設置し、格納庫までの途中圧力減を計算に入れて、散水管末端の吐出圧力を約七kg/㎠にできる。泡沫消防ポンプの圧力(一〇kg/

㎠)は通常消防ポンプの圧力(五～七kg／㎠)とは相違するので、泡沫消防管系と通常消防管系とは別個とする。しかし、相互の連絡管は設ける。そして両者とも主管は防御甲板下を通すこととする。

さらに、泡末消防管は格納庫の長さ約二五メートルを単位として分割し、被害率を小さくすることを試みている。また、ライジング・メイン（艦内を前後に走る消防主管に連絡していて、必要箇所で垂直に立ち上がる消防パイプ）を導設することにしたが、それの損傷に備えて、一区画の噴出口の約半数は、隣接区画のライジング・メインからも噴出できるパイプ系統とするよう考えた。格納庫には出入に便利な位置で、格納庫区画の対角線位置に、二ヵ所ずつ消防監視所を設けて弁の管制は一切この内部で行なうこととし、二五ミリのＤＳ鋼板で防御する。

なお、母艦のなかには熱煙冷却ポンプを持つフネがあった。それには圧力一〇kg／㎠で、力量四〇〇トン／hと二〇〇トン／hのものがあり、これは組み合わせて利用するのが有利である。とすれば、新規に冷煙ポンプを装備する艦も、従前と同様能力のものを採用するほうが有効だ。動力はディーゼルと設定された。ただ実際は、四〇〇トン／hポンプ用ディーゼル機関の製作に支障をきたしたので、全部二〇〇トン／hとなったそうである。

苦心のすえ練られた新しい防火対策では幾多の新しい装置、器材が生み出された。以上だけでなく、人員の救命についても缶室、機械室の上部には反対舷への脱出が可能なように、水中防御の絶対確保を犠牲にして非常交通路を新設した。かつ格納庫の側面を開放式としたのである。

米空母はすでに開放式舷側を採用しており、鎧戸で閉鎖、随時開放が簡単にできた。舷側エレベーターもあるので、飛行機の舷外投棄すら可能であった。格納庫の防火仕切りは石綿の頑丈なもので、ガソリン管は舷外に導設し、泡沫消火装置も備えていた。

アーマーの厚さだとか、フネの速力とかだけでなく、こういう裏側のウラのところが敵（米《アメ》）サンは違っていたんだな〜。ムーン、やられた〜。

「不燃性塗料」の採用

防火といえば、軍艦の火災を大きくする原因に、塗料があった。

普通の油性ペイントだと塗布面がある程度加熱されている場合、いったんどこか一ヵ所に着火すると、あたかも炎が走るかのように延焼するのだという。元来、艦船用塗料は防錆材としての役目が主目的で、〝不燃〟などということは考慮の外にあった。だから、塗装した基盤鋼材が三〇〇℃になると、分解ガスを発生して火災予防上は危険物になるのだそうだ。

それは空母に限らずすべての艦船にいえ、見逃せない問題であった。耐火塗料としては、従来から市販のペイントが数多くある。だが、有機物を使ったそれは燃焼性に幾分かの差があるだけで、とてもグンカン用として満足のいくものではなかった。高温になればバーッと燃え上がってしまうのだった。

こんな塗料に、防錆の機能を損なわずに不燃性を与えるには、その一部成分を無機質にする必要がある。そこで目をつけられたのが、かつて、予備給水タンクの防錆用として使用し、好結果を得ていた「アートメタル・ベトン」なる塗料だった。

「武蔵」が竣工して間もない昭和一七年一〇月、艦政本部からの通達により従来の油性塗料を、この不燃性無機質塗料に改めることになった。すこし細かく記すと、組成は亜鉛粉末約七五%、酸化亜鉛約二五%。これをケイ酸ソーダの水ガラス水溶液と練りあわせて塗装、乾燥させるのだ。

空母艦内では主な区画――飛行機格納庫、発動機調整所、ガソリン・ポンプ室、軽質油庫《ガソリン》、それから一般の艦内通路、機械室、缶室、工場、弾火薬庫、居住区、その他吃水線より上の諸倉庫の塗料を、これで塗り替える作業に入った。

だが、当時、国内では亜鉛の在庫が逼迫して重要統制物資になっていた。そのため、実際には硅石粉やカーボン・ブラック混入の石灰などで代用することを余儀なくされた。それは塗料としての付着性に劣るばかりでなく、塗色は不快をきわめたそうである。こんなところにも、八年も戦争をつづけていた貧国・日本の悲哀があった。その他、床のリノリウムをはじめ、カーテン類や木製品などの可燃物は一切廃止されるなど、〝不燃化〟の旗印の下、居住性はまったく無視されていった（『戦艦武蔵建造記録』内藤初穂）。そして、空母だけでなく、一般艦艇でも逐次、艦内のおもな区画の塗装をこの不燃性ペイントで置換する方向に進んだのだ。

しかし一口に塗装塗料の交換――というが、乗員全部がいわゆる〝カンカン虫〟になり、突き鑿で今までの塗装を剝離し、いやな臭いを我慢して新塗料に塗り替える。これはいかに戦争の要求とはいえ、不快な大変な作業だったようである。

さて、このようにバンとした防火対策を講じようとした、講じたその効果やいかに。これから先、南方戦線では日米両海軍が総力をあげて、空母vs空母の激烈な海空戦を展開するのは目に見えていたのだ。

油断が原因か、「瑞穂」沈没

ところで「菊の御紋章」をつけたわが「軍艦」が、勇戦敢闘のすえでなく油断から撃沈されてしまった例を二つばかりあげてみよう。

時はミッドウェー海戦の起きるチョッと前、昭和一七年五月二日、場所は御前崎の南西遠州灘であった。前日、横須賀を出港した水上機母艦「瑞穂」は、集合地の柱島へ向かうべく単艦、直線コースをヒタ走っていた。敵潜情報もなかったためか、之字運動をしていなかった。海面は静穏。

そんな二三三〇ころ、警報のブザーが鳴り、「総員、配置につけ」「左前方、魚雷音探知」の蛮声に、みんなハネ起き飛び出そうとすると、もうドーンであった。潜水艦だ！　たちまち三〇度ばかり大きく傾いたが、まもなく傾斜は戻り、一〇度ほどで止まった。命中したのは左舷へ一発だったが、主配電盤が破損し発電機、排水ポンプその他の補機の運転はすべて不能になってしまった。

火災が発生し、ガソリンに引火したが、消防ポンプが動かないので密閉消火のほか手段がない。数時間後にいったんは下火になった。注水作業で艦のバランス復旧に努めたが、効果なし。艦尾から沈没しはじめ、総員退去が発せられた。やがて艦首が垂直に立つと、そのまま急速に海に呑み込まれてしまったという。

そもそも対潜運動を実施していなかったのは、いただけない。ヌカリがあった、と非難されても仕方あるまい。開戦五ヵ月後。つづく勝利の報に国中、浮いた浮いたの時期であった。海軍部内も然り、同様だったのだ。

そしてその三ヵ月後、またも似たような沈没事例が生じている。

八月七日、米豪連合軍が突如ソロモン諸島のガダルカナル島に上陸してきた。その日午後、急遽ラバウルを出撃した第八艦隊は旗艦「鳥海」を先頭に、第六戦隊の重巡「青葉」「加古」「古鷹」「衣笠」、それに第一八戦隊の軽巡「天龍」「夕張」、駆逐艦「夕凪」の計八隻で、ガ島の敵ルンガ泊地へ、文字通りおっ取り刀で殴りこんでいった。

わが部隊が突撃に移ったのは二三三〇ころ。不意を突いたので敵軍は応酬のいとまなく、奇襲は読者諸賢ご承知のような大成功を収めることができた。巡洋艦八隻、駆逐艦八隻の大半をわずか三五分の戦闘で壊滅させたのである。撃沈巡洋艦四隻、大中破は巡一、駆二。味方に沈没艦はなく、さしたる損傷も生じていなかった。

しかし、敵輸送船団は手付かずで残っている。「鳥海」の艦橋には「反転して、再攻撃し

水上機母艦「瑞穂」。御前崎沖で米潜水艦の雷撃をうけて沈没した

ましょう」との声も上がったが、第八艦隊長官三川軍一中将の命令は「全軍引き揚げ」であった。再突入すれば戦果は上がるであろう。だが、敵空母群の所在は不明だ。翌日の日出・〇四四〇までにサボ島から一二〇浬《かいり》圏外に出るのが、作戦開始前からの腹案であった。三川長官の引き上げは当然だったのだ。非難はあたらない。もし再攻撃によって脱出が遅れ、空母機につかまって袋叩きにでもなれば、それこそ「兵法を知らない浅はかなる所業」と、おおいに批判されたのではなかろうか。

それはそれとして、「敵艦隊撃滅」の勝利の美酒は、帰途についた三川部隊の乗員たち上下にいささか〝効いた〟ようである。

九日〇七〇〇、三川中将は部隊を解き、「鳥海」「天龍」にはラバウル行きを指示し、第六戦隊にはニューアイルランド島カビエン回航を命じた。下命により、「青葉」先頭の六S（第六戦隊）はブーゲンビル水道を北上し、ついでニューアイルランド島北側を北西進した。

そして日が替わった一〇日の朝、いきなり「加古」が魚雷を見舞われてしまったのだ。気を抜いたか「加古」

六戦隊は小隊ごとに横に並び（並陣列）、「加古」は旗艦「青葉」の後方八〇〇メートルを航進していた。速力一六ノット。対潜警戒機が一機前路哨戒を行なっていたのだが、之字運動はやっていなかった。そんな朝まだきの〇七〇九、右五〇度、約一〇〇〇メートル付近に、見張員が潜水艦魚雷の発射気泡らしいものを認める。

そのとき海面はベタ凪だった。瞬間、艦長は潜水艦の発射気泡と直感し、すぐさま「面舵一杯！」と怒鳴った。航海長も「第一戦速、急げ！」と叫ぶ。速力を二〇ノットに上げたのだ。うまくかわせるか、と思ったが、右舷艦首付近に水煙をあげて命中してしまう。艦橋では回避に努めたが間に合わなかったのだという。

爆発、艦は大衝動を受けた。艦長は即、「防水ッ！」の号令をかけ、ラッパを吹かせる。つづいて「両舷停止！」の号令も。だが、二、三秒もたたないうちに中部、後部につづけて二回、大激動を感じた。艦はグラッと右へ傾きはじめ、発電機が止まり電灯も消えた。オール機能ストップ！

傾斜は一八度になった。かなり大きい。沈没に備え応急総指揮官の副長は「御写真持ち出し」の用意を指示し、機密物件の整理や〝浮き〟に使う円材の固縛を解かせる。傾斜はますます急になってきた。副長はもはやこれまで、と観じ、艦長に「総員退去」を下令するよう進言する。もう立っていられない。さらに傾斜大きく四五度。はや、半ば沈没状態であった。「加古」は右前に傾いたまま急速に全没する。八月一〇日、午前七時一五分、カビエンの東北東沖であった。

六S司令官はベテランの水雷屋なのだが、早朝の〇四四三、警戒を第二警戒配備にゆるめ、二直哨戒でカビエン基地に向かっていた。「もうここまで来れば、潜水艦の心配もあるまい」と、気を抜いたのだろうか。しかも之字運動を止め、速力まで「強速」の一六ノットに下げてしまったのだ。

これは司令官の油断、と指摘されても仕方あるまい。後のことだが、昭和一八年一月に出された統計によると、之字運動をやらずに魚雷命中を受けたフネは五〇隻中四三隻、対して之字運動中に被雷したものは一五隻中八隻なのだそうだ（『鉄底海峡』高橋雄次、光人社）。であれば、本運動は面倒でもぜひ励行しなければならない避潜航進法であった。

魚雷を発射した米潜水艦は「S－44」といい、四本を射出し、三本が命中したのである。不幸中の幸いは魚雷の当たり所が急所をそれ、弾薬庫の爆発が起こらず轟沈にならなかったことであった。それにしても、第一配備はつづけられなかったものか。せっかく大勝利の土産を積んだのに、残念ながら九仞《きゅうじん》の功を一簣《いっき》に欠いてしまった。

敵潜に好餌を与えた第一の理由は、六S司令部が警戒配備を早期に緩めてしまったことにあろう。そのとばっちりが「加古」に降りかかってきたのだが、気のゆるみは同艦自体にもあった。被雷の少し前、乗員の疲労を思いやって、副長が艦内換気のため短時間舷窓を開けたい、と艦長に申し出、艦長は許可していた。もしこの諾《だく》なかりせば――の感も深い。応急防御の面からは、〝警戒航行中は常に発電機の二台運転を建前とせよ〟とも反省された。今回の被雷では一台のみの使用で、予備電源たる蓄電池は充電中だった。そのため第二撃で電源がストップし、蓄電池に切り替えるまで、艦内は一時暗黒となったからである（「軍艦加古戦闘詳報・ソロモン海戦」）。

以上二点、まさに〝油断大敵、火がボーボー〟の具現であった。之字運動無視は応急防御以前の問題である。対潜航行の基本から言って。

「龍驤」至近弾に傷めつけられる

そして「加古」沈没半月後の八月二四日、空母「龍驤」が撃沈された。こちらは、いわゆる第二次ソロモン海戦において善戦健闘のさなかに、である。油断からではない。

ミッドウェー海戦に全滅した第一航空戦隊は、「翔鶴」を旗艦に「瑞鶴」「龍驤」三隻での再建成り、急を告げるソロモン戦線に出動した。相対するは「サラトガ」を旗艦とした、「エンタープライズ」「ワスプ」の三隻編成・米国空母艦隊である。ただし「ワスプ」は、実際には燃料補給のため、戦線から離れていたので〝サ〟〝エ〟の二艦が主柱だった。

二四日午後、彼我の機動部隊はガ島北東海面で、戦闘を交えることになった。

昼前の一〇二〇、「龍驤」は第一次攻撃隊を発艦させた。本攻撃隊はガ島のヘンダーソン飛行場爆撃を任務としており、一二時すぎにはガ島上空に到達して米海兵隊機と空戦に入った。このとき、ガ島東方一五〇浬を行動していた米機動部隊は、二〇〇浬北西に「龍驤」を発見、一一時すぎ、「サラトガ」から艦爆三〇機、艦攻八機を発艦させる。そして、一三五七から雷爆同時攻撃を加えてきた。

加藤唯雄艦長の指揮する「龍驤」は、航海長の操舵号令で必死の回避に努めた。しかし、急降下爆撃による至近弾数発の爆風をもろに浴びる。着発信管を装着した爆弾の炸裂威力はものすごい。至近弾の破片は艦橋の隅々にまで飛び込んできた。応急総指揮官の貴志久吉副長が倒れ、間もなく絶命する。ダメ・コンのトップを失う。これは痛かった。艦橋は窓ガラスがすっかり破壊され、羅針盤、机などの手荒く傷ついた様は、杯盤狼藉を尽くした跡そのものであった。

やがて「前部弾火薬庫、注水」の声が聞こえてくる。さらに魚雷一発が艦の中央部よりやや後方に命中する。結局これが致命傷になってゆくのだが……。

艦は右一七度に傾斜し、ついに「機械停止」が下令される。一四一〇ころであったか、今度は「格納庫、火災」の叫びが上がってきた。飛行甲板から昇降機の隙間を這ってメラメラと真っ赤な炎が煤煙と混じって格納庫へ侵入したのだ。庫内の鉄壁には、点々と、めくれあがった数センチほどの穴が数多く開いていた。敵機の機銃によるものか、爆弾の破片によるものか、そこから陽光が差し込んでいる。電灯はすべて消えていた。

たちまちドラム缶の油に火が入り、さらに焔は付近の油布《ウエス》に燃え移って庫内の鉄甲板を舐めまわった。ミッドウェー海戦のときのそれに似た最大の危機だ。しかし、吉岡久雄整備士の適切な防火指揮で、火勢は徐々に衰えはじめた。

一方、発動機試運転場は、事前に燃料も潤滑油も油槽から抜いてあった。なのに火の手は拡がるばかりだ。付近から大小の消火器を背負った兵が駆けつけてきたが、どの消火器も弾片で小穴が開き、使い物になるのは少なかった。消火栓のホースも同様である。いたるところに穴があき、しかも、水を汲み上げる動力ポンプが故障で動かない。だが、それでも試運転台の火勢は下火になった。

乗員必死の努力により火災はようやく鎮火したが、逆に傾斜は二〇度を超え、しだいに増加していく。

傾斜復原をつかさどる工作科分隊はいったいどうしていたのであろう。斉藤義雄氏の『空母龍驤の奮迅・下巻』によると、平川武雄工作長は、つぎのように話している。

午後二時一〇分すぎころは、敵味方の激しい撃ち合いのまっただなかであった。注排水部指揮官であった彼は、機械室の上の中甲板、中央部にある指揮所に陣取っていたのだが、「爆弾、魚雷命中の激震により、指揮所は一瞬にして電灯は消え、電話および諸通信装置は全部停止し、孤立状態になった」と語りはじめる。

「注排水指揮盤を前にして立っていた。すぐ前は工作室だったが、爆弾の破片により、そこは右舷舷側の鉄板に一～三センチくらいの穴が無数に開き、上部の穴からは日差しが差し込んで、真っ暗になった工作室を明るくしていた。下のほうの穴からは海水が浸入してきて、徐々に浸水度を上げていった。

ハンモックで防水を命じたのだが、やたらと暴れまわる破片、弾片で二〇名ほど待機していた部下も半分は負傷し、防水作業は進まない。しかも傾斜はしだいに強まる。なにぶん穴は数えきれないほどなので、侵水を防ぎきれない。隣りの控室では、至近弾の爆風で舷窓の蓋が全部吹っ飛んでいた。

第二次ソロモン海戦で敢闘のすえ沈没した空母「龍驤」

ともかく傾斜を直さなければならない。左舷上甲板にあるバルジへの注水コックを開けさせたのだが、震動のためシャフトが曲がっていて動かないという。ならば機械室底部の補助ハンドルを使おうと、危険を承知で若い機関学校出身の士官に突入を命じた。しかし、もうそのときは、蒸気が充満していて残念ながら入れなかった。

こうなったら最後の手段だ。駆逐艦からホースで注水するしかないと考え、傾斜している左舷を攀《よ》じ登って艦橋へ行った。そして、駆逐艦からファイア・メーンで放水してもらったが、しょせん〝焼け石に水〟だ。復原に役立つ水量を望むのは不可能であった。私は、艦長に艦の傾斜はもはや直らないことを申し上げ、〝総員退去〟を進言した」

のだという。

加藤艦長は決断する。一五一五、不時着機搭乗員および艦乗員の退艦収容を開始した。

航行不能の「龍驤」はしだいに浸水が増していき、一八〇〇、艦尾から水中に没していった。ガダルカナル島の北方約二〇〇浬の地点であった。それにしても、低乾舷艦にとって至近弾の弾片は恐ろしい。

「比叡」に自沈命令出さる

昭和一七年後半、米軍によるガダルカナル島飛行場の〝確保〟、日本軍によるそれの〝奪回〟をめぐって、ソロモン方面での戦闘は日ごと夜ごと激しさを増していた。だが制空権をかれらにガッチリ抑えられ、味方は補給用の輸送船を送ることができない。ついに夜間、戦艦を敵飛行場に接近させて砲撃を加え、飛行機を焼き払おうとの作戦を企てるまでの窮境に立たされた。

一〇月一三日夜半、「金剛」「榛名」を飛び込ませた。砲撃そのものは見事に成功したが、敵は必死に豊富な飛行機と輸送船を送り込み、飛行場の維持に努めた。恐るべき底力である。まさに不死鳥であった。しかし、なんとしてもガ島は奪回しなければならない。そこで、第二艦隊を母体とする「挺身攻撃隊」と銘打った部隊を編成し、再度、敵飛行場の眼下海面に突っ込ませることにしたのだ。本隊の主部は第一一戦隊の「比叡」と「霧島」である。

阿部弘毅中将を指揮官とする本戦艦戦隊は、一一月一二日夜を飛行場砲撃予定日とし、九日にトラックを出撃した。進撃中の一二日夕刻、長時間のスコールに見舞われ、隊形に乱れを生じたが、二二四五ころ、サボ島南方水道から、タサファロング沖へと突入針路をとる。

隊形混乱の影響は大きかった。前路掃討隊からの情報が入らない。しかしこの様子では、まず敵艦隊はいないものと第一一戦隊司令部は判断し、予定どおり飛行場射撃準備を下令した。「比叡」「霧島」は砲側に三式弾を用意し、二三三〇、射撃針路に入った。ところが、日本艦隊の動きを察知していた米艦隊が待ち構えていたのである。

予想とは異なる出会いとなり司令部は慌てたが、挺身攻撃隊は先手を取り、阿部司令官は旗艦「比叡」に探照灯照射を命じた。照射開始と同時に「比叡」は距離六〇〇〇メートルで巡洋艦「アトランタ」を目標に射撃を始める。だが、探照灯の松明《たいまつ》をつけた「比叡」は、たちまち敵中小口径砲の反撃弾を浴びだす。たがいが数千メートルの距離に入り込み、陣形は敵も味方もまったく乱れきってしまった。

殴り合いだ。およそ三〇分間の戦闘で、「比叡」は敵の激しい集中砲火を浴びた。八インチ、六インチ、五インチなどの砲弾八〇発以上が命中し、前檣楼は火災を発生、上甲板以上は敵弾に薙《な》ぎ払われた。が、さすがは戦艦。機械室、缶室、砲塔などの装甲部はビクともしない。

しかし、戦闘開始後まもなく、戦闘艦橋にいた阿部司令官は負傷する。通信は外部へも艦内へも不通となり、一時砲戦能力も失われた。そして右舷舵機室水線付近に八インチ砲弾が命中し、舵機室が満水してしまった。操舵不能。艦はサボ島方向に急転回したので、座礁を避けるため後進全速を下令する。

だが、最後まで残っていた一本の電話線も切れ、そのため今度は後進が掛かりっぱなしになった。ために、「比叡」は後ろ向きで敵の占領地フロリダ島へ向かいはじめたのだ。このままのし上げでもしたら……。これは一大事。無事だった通信参謀は決死の覚悟で、戦闘艦橋から信号の揚旗線を伝って上甲板へ滑り降りた。ようやくのことに機関長と連絡がとれ、後進を止めることができた。

このような混戦状態に陥ったので、阿部中将は作戦中止命令を発し、「『霧島』は一三日〇〇三〇、飛行場射撃を取り止む」と報告して、北方に避退を開始した。

「比叡」は依然として航行不能のまま。だが、機関部は全力発揮が可能であり、問題は舵だけだった。舵機室の防水、排水が成功しないのだ。阿部司令官は救難作業全般指揮のため、「雪風」に移乗する。

日の出以後、「比叡」は予想どおり激烈な空襲を受けはじめた。午前中、約七〇機の爆撃を受ける。命中弾三発、比較的被害は軽かった。しかし一二三〇、艦上攻撃機の来襲により右舷前部と機械室に一本ずつの魚雷を見舞われた。そのため傾斜は急速に増し、右舷へ一五度傾く。

ついに阿部中将は応急修理の望みなしと判断し、乗員を他艦に収容したうえ、キングスト

第三次ソロモン海戦第１夜戦で集中砲火を浴び、のち自沈した「比叡」

ン弁を開いて自沈させる命を下す。驚いたのは西田正雄「比叡」艦長だった。「応急指揮官にもう一度、遮防をやれと伝えろ。そして『雪風』の司令官へ、『しばらく猶予を乞う。遮防をさらに一回実施す』とやれ」と発信を命じる。

司令官命令は再三繰り返された。西田艦長は、艦の処分については極力延期するよう要請した。だが、一度ならず二度、三度目の司令官命令には、さすがに従わないわけにはいかなかった。「機械室全滅」（じつは、これは誤報）という報告が上がってきている以上、敵飛行場の真下で行動不能の戦艦を放置することはできなかったからだ。

ともあれ午後四時、「比叡」のキングストン弁は開かれた。さらに「雪風」から魚雷一本が発射されたがなかなか沈まない。姿が完全に消えたのは、午後一一時ごろであったようだ（『軍艦比叡』吉田俊雄）。

総員を退去させたのち、西田艦長はいったんは艦上に残った。しかし、阿部司令官は「比叡」の救助作業に関する報告を求め、「雪風」へ来艦するよう〝厳命〟を発して強制的に退艦させる。すなわち西田艦長の「比叡」退去は、自己の意志によるものではなかったのだ。

にもかかわらず、西田の生還は嶋田海相のお気に召さなかったらしい。一二月、横須賀鎮守府付の身分とし、翌一八年三月には予備役に編入、かつ即日召集というキツイ処置をとった。人事は大臣の専権事項だったのである。そしてその後は、アモイ在勤武官、第二六二航空隊司令、九五一航空隊司令ついで福岡地方人事部長と、終戦まで裏街道を歩かされてしまう。西田は海兵四四期を三番、海大を二番で卒業した英才だったのに、未来を挫かれてしまう。同期の仲間は少将に昇ったのに大佐に据え置かれてしまった。

「霧島」被弾、浸水、航行不能

一二日から一三日にかけての苛烈な夜戦は失敗に終わった。しかし、山本GF長官はガ島への船団輸送作戦を捨てなかった。それにはやはり、先立つ飛行場砲撃が必要である。外南洋部隊と前進部隊（第二艦隊）に命が下った。

前進部隊では近藤信竹中将が直率する「ガダルカナル攻撃隊」を編成し、射撃隊、直衛、前路掃討隊の各部に分けた。むろん主部は射撃隊であり、重巡「愛宕」「高雄」と「霧島」から成っていた。実施は一一月一四日と決定される。

攻撃隊がガ島に近づいた一九三〇、基地部隊機が「敵味方不明の巡洋艦二、駆逐艦四見ゆ」と報じてきた。近藤中将は、予期したとおり巡洋艦・駆逐艦部隊が出現したものと判断。

この程度の敵ならば直衛と前路掃討隊に潰させ、射撃隊は飛行場砲撃を実行しようと決心する。だが、この敵こそ四〇センチ砲を持つ新鋭戦艦「ワシントン」「サウス・ダコタ」と駆逐艦四隻の強力部隊であり、哨戒機が戦艦を巡洋艦と見誤ったのだ。急遽、目標変更！

二二〇一、距離六〇〇〇で戦闘が始まった。射撃隊の砲弾は、初弾からほとんど全弾が命中する。しかし「霧島」は飛行場射撃用に準備した三式弾を主用せざるを得なかった。ために命中弾多数がありながら「サウス・ダコタ」の上部構造物に大損害を与えただけであった。

その間に「ワシントン」は、暗闇のなかから「霧島」に猛撃を加えてきた。射撃隊の非敵側へ照明弾を発射、懸吊して有効に四〇センチ弾を撃ってきたのだ。「霧島」は戦艦二隻の集中射撃を受けることになった。

相手が悪い。戦闘開始六分後には、艦内に火災を生じる。前部電信室全滅、三番、四番主砲の水圧機停止、舵取機故障などの報告が相次いで艦橋に飛びこんでくる。水圧機の補機室では、激しい轟音とともに左舷側の電灯が消えた。同時に第四水圧機と舵取機室と補機部指揮所との相互連絡が不通となる。艦内は充満する煙で、防毒マスクをつけなければいられない状態に陥った。

主機械室にも黒煙が充ち、一時は暗黒となって視界がきかなくなる。しばらくするうちに機械室の送風機がパタリと止まってしまった。機械室の温度はグングン上がり、運転員たちが熱さに耐えられず、バタバタ倒れはじめる。運転下士官が手先信号で「摂氏六八度」と報告してきたが、終わると同時に崩れ落ちた。機械室へ黒煙が入ってきたのは敵弾が中甲板に命中し、主電路が破壊されたための火災発生が原因と分かる。

浸水が始まった。右舷に静かに傾きだす。後部機械室からは「浸水刻々増加」と、応急指揮所へ通報してくる（これは誤報か？）。つづいて右舷舵取機付近に被弾、舵取機が使用不能となる。想像を超す激戦だ。戦果もわが方の損害も、皆目分からない。二二四九、舵機室が満水となる。

下甲板応急員詰所の隣にも直撃弾命中。なんと「サウス・ダコタ」と、三〇〇〇メートルの至近距離砲戦である。主砲の水平射撃！　あたかも明治時代に引き戻された感あり。致命傷となったのは後部舵取室の被弾だ。舵は面舵一〇度に固定したままになる。舵輪がきかず、しかもつぎつぎと隣の区画へ浸水してくるのだ。後部が沈下しはじめていた。

運用長からの「前甲板へ行け」の命令で、運用分隊員は上部電信室前のデッキに走った。錨から錨鎖を外して曳航の準備であった。「霧島」の処置は2F長官に任されていた。〝「川内」に曳航してもらい、基地に帰れ〟の命令が出たのである。

「霧島」やむを得ず自沈

機関科指揮所は三番、四番主砲塔の間に位置する中央機・主《もと》機械室（最下甲板）の入口にあり、機関長たち幹部のほか伝令と記録係が詰めている。

そこへはあちこちから報告、通報がもたらされる。「前部一〇〇〇トンポンプがやられた。

浸水！」の報せが届く。工作科電気工場の下だ。「後部注排水指揮所にドンドン浸水する」「左舷舵取機室、浸水甚だしいッ」「缶部指揮所、指揮がとれない」等々の声も入ってくる。逆に、機関科指揮所からは「状況知らせ」と機関長の問い合わせ電話を艦橋へ送る。だが、艦橋からの応答なし。電話に脇からの叫び声が入ってくるのみであった。と、そこへ「後部注排水指揮所、浸水腰まできました」の報告。機関科指揮所は騒然となった。電灯も消え、一斉に電話がガーガー鳴りはじめ、不通となった。後部電路に被弾したのか？　やがて各部からの連絡も途切れる。ついに、後部注排水指揮所ともこれが最後の電話となった。

しかし、その騒然も数十分、砲声も止んだ。艦橋とも連絡がとれず、いっさい状況が摑めない。機関長は科内の事情を見るため、機関部各室へ伝令三名を偵察に派遣した。

停電のため通風機が止まり、どこもかなり室温が上昇していた。機械室の後部から蒸化器室にのぼり、さらにラッタルを上がってハッチを開けると上甲板だ。さらに外の通路に出るには防水扉がある。

伝令は三人でケッチを外した。開けたとたん、ゴーッと浸水してくる。主計科事務室の前に出る。油の浮いた浸水に脛までつかる。ふと左舷舵取機が気になりその入口に来て、ハッチを開けようとすると掌運用長に出会った。舵取機室浸水の話をする。掌運は「いや、まだ開けてはならん」という。今まで艦長室火災でやっと消し止めたところだ、とのことであった。

ひとまず機関長に連絡、指示を受けようと、三人は舷門の電話機置き場の所に行く。幸い、機関科指揮所への直通電話が通じた。機関長は、「早急に応急電路員に連絡し、後部へ送電させよ」との命を授けた。

伝令はふたたび艦内へ戻る。最上甲板は真っ暗闇で前が見えなかった。右舷を這うようにして二番砲塔までたどり着く。一番機銃も吹っ飛んだのか消えており、前部電信室もがらんどうで吹き抜けの状態。被弾のものすごさを今さらのように、感得したしだいであった。さらに下へ下りる。兵員烹炊所前だ。ラッタルがヒン曲がっていた。前部の電路は助かったのか、点灯している。烹炊所の配食鍋が散乱して転がっていた。一気に、応急員待機所のある中甲板一番主砲塔砲へ突っ走った。

以上が機関長命により、沈没寸前の「霧島」艦内をあたふたと巡り歩いた、三人の機関兵の〝艦内偵察記〟である。

艦内電路は、戦闘配電では四分割されている。後部三、四番電路がダメになれば、一、二番のいずれかから応急線を引いて送電できるのだ。応急作業である。

さっそく応急電線が引き出された。意外に重量のある代物である。電機部員総がかりだ。四基ある主機械のうちの中央機入口に接続筐があり、まず端末接続作業をする。そしてスイッチ・オン、点灯。ヤレヤレであった。

一方、上甲板にいた兵員は艦船係留用の径の太いワイヤを前甲板に運び、一番砲塔に巻きつけた。ところが、「曳航は後部からだ」との声が聞こえた。なんたることぞ、苦労して巻いたワイヤを解いて後甲板へ運び、四番砲塔に巻きなおしてようやく、曳航準備を完了した。こういう作業は、運用分隊員の本来業務の一つである。

そんなテンヤワンヤがあったが、このとき艦は弾火薬庫への注水と浸水のため、しだいに浮力が減っていった。いったんは治まった火災がまたも再燃し、前後部砲塔火薬庫危険との報で、艦長が注水を命じてあったのだ。後部の浸水は順次隔壁から隔壁へと前へ進む。応急指揮官の運用長はついに曳航を断念した。「川内」による曳航・被曳航作業は失敗に終わった。嗚呼、やんぬるかな。

戦艦「霧島」（「比叡」から望む）。第三次ソロモン海戦第２夜戦で被弾により浸水、曳航を断念し自沈した

船体の状態をよくよく検討の結果、岩淵三次艦長は「霧島」を放棄することに決定した。「総員上甲板」の令で、各分隊とも決められた位置に整列し退艦の命を待つことになった。総員退去の発令により、暗夜に響く君が代のラッパで軍艦旗の降下を終わる。「霧島」が海中に没

したのは一五日になっての〇一二五であった。生存乗員は駆逐艦に移乗を終えていた。准士官以上六九名、下士官兵一〇三一名であった（『軍艦霧島』霧島会、防研戦史『南東方面海軍作戦〈2〉』）。

振り返ってみると、「比叡」も「霧島」も、沈没の根元、導因は舵機室の弱体にあったといえるであろう。

なお本書の執筆目的からは離れることだが、「霧島」艦長の岩淵三次大佐も生還した。しかも、「比叡」の西山正雄大佐のように予備役に編入されることもなく、現役のまま勤務をつづけた。横鎮付となり、一八年五月一日、少将に進級、舞鶴人事部長を経て第三一特別根拠地隊司令官に補職されている。そして二〇年二月、マニラで戦死し、海軍中将に任じられた。人間の運命は分からない。

応急指揮から防御指揮へ

すでに記したところだが、日本海軍は「応急指揮装置制式草案」を昭和一二年七月につくり、さらに一五年に「応急指揮装置制式」に発展させていた。そして戦争を開始し、一年半以上がたった一八年七月、それを「防御指揮装置制式」なるルール・ブックに改正している。わが海軍も、海上戦闘に関して攻撃のみでなく、防御の重要性にようやく、本格的に目覚めたといったら言いすぎだろうか。戦訓をとり入れ、装置・運用をシステム化した〝ダメ・コン術〟の教示書であった。

まず冒頭に「本制式は戦艦、巡洋艦、空母、潜母、水母（水上機母艦）の防火、防水、防毒、破壊物処置、傷者処置等の応急指揮および傾斜復原ならびに電機部指揮等艦内防御指揮に必要な諸装置の設備要領を規定す」と謳っている。ただし、上記以外の艦船では、「電機部指揮装置はこれに準ずるがその他の設備は必要に応じて」とトーンが一段下げられていた。

どんな設備の備え付けに変わったのか、あらましを見てみよう。基本的には「応急指揮装置制式」がベースになっているので、なるべく新たに設けられたもの、改良された点について記すことにしたい。

一見して驚くのは指揮所、管制所、待機所等だ。画期的に改設されたり、増設されている。以前は六個部署だけだったのが、全一五部署に増えたのだ。かつこれらは、戦艦、空母、巡洋艦など艦種別に設置位置が定められた。

「大和」型の司令塔にはあらたに
「第一防御指揮所」が設置された

というわけで、本書では代表として戦艦、それも「大和」型のそれについて話を進めていくことにする。

まずは「第一防御指揮所」。これはもうお分かりだろうが、旧令（「応急指揮装置制式」）の第一応急指揮所で、艦内防御戦全般の指揮をとるところだ。場所としては、司令塔内に設置される。「第二防御指揮所」も同様の改定経緯により、前檣下方にあった部室入口の表札を変えたのである。

その指揮下に二個の応急部が置かれ、第一応急部指揮所は前部応急班を管轄指揮するのに適当な場所に設置のこと、とされた。ただし、戦闘に入ったとき第二防御指揮所と同時に被害を被ってしまわないよう、位置の選定には〝十分注意する〟ことが求められた。当然ながら第二応急部指揮所は、後部応急班を指揮するのに適当な位置を選ぶことが要求されていた。

そしてさらに、計一六個の「応急班哨所（旧制では応急班待機所と称した）」がつくられ、最上甲板前部、同後部、上甲板前方前部、同後部、上甲板中央前部、同後部、中甲板前方前部、同後部、中甲板中央前部、同後部、中甲板前方前部、同後部、中甲板後方前部、同後部、下甲板後方前部、同後部の各所に配備したのである。

新しくなった艦内防御組織

一方、傾斜復原のための注排水部署では、本拠の「注排水部指揮所」を防御区画内下部で司令塔の付近、かつ、注水・排水指揮に適当する場所と決めた。ここから指令を受け、監督される「注排水管制所」は三ヵ所設けられた。それぞれ「前部注排水管制所」、「中部注排水管制所」、「後部注排水管制所」との呼称になった。

いずれも防御区画内に所在し、担当する区域、部署の注排水管制に都合のよい場所で、さらに可能なかぎりビルジポンプ室のなか、あるいはその付近がヨロシイと指示されている。

ここからの指図によって弁の操作をする開閉員が詰め、待機する場所も、配属区画ごとに「前部弁開閉員待機所」「中部弁開閉員待機所」「後部弁開閉員待機所」の名で設置されたのだ。

合わせて航空母艦の応急体制について少々書くと、この艦種に限っての応急部署があった。飛行機格納庫に関してのそれである。上部格納庫、下部格納庫のそれぞれに「消防指揮所」を置くことにしたのだ。かつその配下に、上部では第一から第四までの消防監視所、下部には第五から第八までの消防監視所を設けた。ただし、第一と第八監視所は各格納庫消防指揮所を兼ねての設置とされている。

場所は指揮に、また防火活動の監視に適当な格納庫内部の位置、と定められた。前年のミッドウェー海戦ほかの戦闘で、空母六隻を失って据えられたキツイお灸が利いたのだろう、規定中に別項を設けての制式改正であった。そのほかの応急部署や注排水部署については、戦艦や巡洋艦と同様である。

そんななか、戦争が始まってから、艦内防御陣の一角として急浮上してきたのが電機部門である。電化が進んできた現代ではどの艦種にも通じることだが、電気・電機の重要性は高いにも関わらず、戦前はとかく下に埋もれがちであった。が、戦闘応急には欠くことのできない分野になっていた。その活動は、前出「『霧島』やむを得ず自沈」の項でほんのわずかだが一端を記したところだ。応急部、注排水部と並ぶ存在レベルで、「電機部」が注目されるようになった。

すなわちこの部は、発電機、電動機それから予備電源の蓄電池（潜水艦では本命の電源である）を扱うのが主務だ。それから電灯照明、配電設備あるいは機関科内の通信装置などを担当する。それらに関係する人員で一コ分隊を編成することになっていた。

ここの分隊長が戦闘時には「電機部指揮官」になるのだが、彼の業務を補佐し、また所掌配置の一部を分掌指揮するのが電機部付であった。初級機関科士官あるいは特務士官、准士官が充てられ、かつ特務士官、准士官はとくに「電機長」と呼称されていた。機械部では機械長、缶部では缶長と呼ばれていたのと同じである。

電機部に所属する下士官兵を総称して「電機員」といっていたが、中核になるのが電機部下士官であった。いろいろある各種の装置に抜け目なく目を配り、下僚の兵を指導して確実な運転を心がけるのが役目だ。かれら配置員は、パート別に発電機員、電動機員、機関科電路員、通信伝令員などと呼ばれることもあった。

戦闘時、その電機分隊長の陣取る場所が「電機部指揮所」だ。防御区画内に置かれ、電機部全般を指揮するのに都合がよい場所として、通常は主管制盤室に店を開くのを例としていた。さらに管轄する部署をいくつかに区分し、各電機部付が分担管理する「電機部分掌指揮所」も設置された。場所は副管制盤室にするのが通例。そして損害が発生すれば、いち早く故障修理に走らなければならない人員が待機する「電機員待機所」も置かれた。場所は電機工場が適所とされた。

また、電機部と並んで艦内での株が上がってきたのが、「補機部」である。よその科、部に属さないもろもろの補助機械やら装置を取り扱う部門で、親元はやはり機関科だ。分隊長が「補機部指揮官」になり、補機部付が「補機部指揮官の命を承け其の業務を補助し、また一部の指揮を分掌」するのだ。「乗組士官、特務士官、准士官を以て之に充つ。本号の特務士官、准士官を特に補機長と称す」ることも、電機部の場合に相似ていた。

補機員たるかれらにはさらに、水圧ポンプとその関連装置を扱う水圧機員、機械室外に装備してある舵取機械の取り扱いに従事する舵取機員、空気圧搾ポンプとその付属装置を運転する空気圧搾機員があった。そのほか冷却装置、製氷装置を扱う冷却機員、エンジン・ルーム外に装備してある造水装置、つまり海水を加熱して蒸化、蒸留して純水をつくる装置の取り扱いに従う蒸化機員、さらに補機部の通信伝令に従事する通信伝令員など、いくつもの担当に分かれていた。

ダメ・コン指揮所のいろいろ

以上が「大和」型のダメ・コン各部の名称と配置場所、配置員の名前だが、これら防御戦実施パートの内部に装置され、かれらが取り扱う兵器、器具等の名称や種類もあらためて規定された。どんなものであったか、一応すべてを並べてみよう。任務がよく分かる。

「第一防御指揮所」

防御指揮盤　直通電話器　交換電話器　高声通話器　高声令達器発信器　高声令達器放声器　伝声管

「第二防御指揮所」
防御指揮盤　傾斜計　舵角受信器　速度受信器　注排水号令器受信器　重油移動通信器受信器　伝声管
「応急部指揮所」
直通電話器　交換電話器　高声令達器放声器
「応急班指揮所」および「応急班哨所」
直通電話器　交換電話器　高声令達器放声器
「格納庫消防指揮所」
直通電話器　高声令達器放声器　伝声管
「格納庫消防監視所」
伝声管
長い列記、羅列になっているが、まだ終わらない。つぎは水中防御関連である。
「注排水部指揮所」
注排水指揮盤　傾斜計　吃水計　舵角受信器　速度受信器　注排水号令器発信器　重油移動通信機発信器　直通電話器　交換電話器　高声通話器　高声令達器放声器
「注排水管制所」
注排水管制盤　注排水号令器受信器　直通電話器　交換電話器　高声令達器放声器
つづいて、さらに新規登場の電機部門だ。

「電機部指揮所」

電流計（各発電機のもの）電圧計（各発電機のもの）主要電路線図盤　電機部指揮号令器発信器　無電圧通報器　直通電話器　交換電話器　高声令達器放声器

「電機部分掌指揮所」

電流計（自己分掌発電機のもの）電圧計（自己分掌発電機のもの）主要電路線図盤　電機部指揮号令器受信器　無電圧通報器　直通電話器　交換電話器　高声令達器放声器

「電機員待機所」

電機部指揮号令器受信器　直通電話器　交換電話器　高声令達器放声器

ようやくこれで終了だが、説明を要する用語がいくつかある。

防御指揮盤とは、防御総指揮官と防御指揮官が知っていなければならない、艦内全般の概略状況を一目で察知できるようにした指揮、指示のためのボードである。この盤は第一、第二の両指揮所にあるが、傾斜計、舵角受信器、速度受信器、注排水号令器受信器、重油移動通信器受信器が、第一防御指揮所に備え付けられていないのは注目に値しよう。

注排水指揮盤は、艦の主要区画、注排水用の多くの装置を掲示し、注排水の全般指揮をとるのに適当するボードだ。注排水号令器とは、注水、排水の速やかで確実な実施を期するための号令用視覚通信器である。そのため発信側には、受信側からの電気的応答装置が設けられていた。

注排水管制盤は各管制所に分属する主要区画と、注排水諸装置の概略を明示したボードだ。これでの指示に従って、注排水の管制が行なわれる。重油移動通信器は、傾斜復原のために行なう重油の移動を、本器の視覚信号によって、確実迅速に通達しようとするディバイスである。もう一つ、電機部指揮号令器とは電機部指揮所から視覚通信装置により、電機部一般に所用の号令を伝達する器具だ。これも発信所には、各発電機室との間に電気的応答装置を設備することになっていた。

数年前の、「応急指揮装置制式」時代とは様変わりし、おおいに敏速・確実を旨とするシステムと充実した。当時のわが海軍としては、考えられる最高の防御対策であったろう。万遺漏のないように、ヌカリのないように手当てしたのであった。

新生「内務科」は各兵種混合

さて、部署の名称、任務、装置等の説明はこれまでとしよう。問題はそこへの要員の配置だ。〝活かすも殺すも人しだい〟、効果のあがる人配りをしなければならない。そのため昭和一八年一二月一日より施行のこと、として艦船令、艦船職員服務規程、艦内編制令に大きな改正が加えられた。戦闘ならびに平常の業務・生活など、全般にわたって大規模な改革が実施されることになった。

「内務科」の新設である。先に記した、「大和」で研究された『試行・内務科』の設立が本決まりになったのである。すなわち艦船令曰く、

「内務長は艦長の命を受け、内務科員を監督し戦闘にあたりその指揮をとり、艦内防御、運用、電機、艦内工作および潜水に関することを担任しこれが教育訓練を掌り、主管の船体、機関、機関付属物、艦船艤装品および兵備品を整理す」

また艦内編制令はそれを補って、

「副長は戦闘にあたり艦長を補佐す……副長は防御の全般指揮に関し艦長を補佐し、その命令を執行する場合には特にこれを『防御総指揮官』と称す」と。そしてこの場合、内務長は『防御指揮官』と呼ぶことになった。

さらに、内務科内の編制をつぎのように定めたのだ。

内務長を科長に据え、補佐する幹部に内務士と掌内務長を置く。以下、科員が所属するパートを内務科要具庫員、応急部、注排水部、電機部、補機部の五部門に分けたので

〈表2〉「大和」の新しい艦内編制（昭和18年12月以降）

科	分隊	配置	科	分隊	配置
砲術	1	主砲砲台	通信	12	通信
	2	主砲砲台	航海	13	航海
	3	主砲砲台	内務	14	運用
	4	副砲砲台		15	工作
	5	高角砲砲台		16	電機
	6	高角砲砲台		17	補機
	7	機銃砲台	飛行	18	飛行
	8	機銃砲台	機関	19	機械
	9	主砲幹部		20	缶
	10	副砲幹部	医務	21	医務
	11	測的	主計	22	主計

あった。すなわち、旧来の運用科と工作科を合体させ、それに機関科に属していた電機分隊、補機分隊を合流させてこしらえたのが内務科なのだ。表2は一例としての、「大和」の新しい艦内編制である。

全応急・防御部門の一体化であった。新内務長は、「艦長の命を受け、所掌業務の全般を指揮する」ことになり、戦闘時、防御指揮官と呼ばれるさいは、副長の防御総指揮官の下につくように見えるが、実質的には社長だ。総指揮官は会長あるいは相談役といったところであったろう。もうお分かりだろうが、先記した第一防御指揮所に基本的に入居する住人は副長サンである。

したがって内務科は、オフィサーも兵員も水兵科、機関科、工作科の混成という珍しい科になった。そのため普段の常務も運用部、工業部、電機部、補機部の四部にわかれて勤務した。運用部は防火、防水や船体、船具の整備とか運用の諸作業に従事する。水兵員が主体で、もっとも船乗りらしい仕事をする分野だ。木・金工業が主務の工業部は船体、船具の工作、修繕はもちろんのこと兵器、機関の修理にも可能なかぎり手をつくす。潜水作業もここの木工員の出番である。兵種は工作兵だ。

モーターや発電機担当の電機部は、戦闘編成でも平常も仕事の内容はほとんど変わらない。再記になるが、内務科が管轄する補助機械の運転や整備に従事するのが補機部。常づねは揚錨機とか揚貨機、冷却機、製氷機、各種のポンプなどを扱うのが業務である。だから、戦闘時の注排水任務には打ってつけ（?）だったのである。

応急防御という戦闘の実施だけを考えると、新制の内務科システムは任務遂行が円滑にいくようなかなか合理的につくられていた。しかし、じつは大変難しい問題を抱えており、それを解決しながら誕生してきたのである。ならば、どんな難題だったのか？

機関科士官は『将校』にあらず

それは科の指揮、運用に携わる内務科長や分隊長クラスの指揮官配置の人事上の問題だったのである。

たとえば、の例をこしらえてみるが、戦艦「甲」の内務科の戦闘編制は、

防御指揮官　内務長　A中佐
応急部指揮官　運用分隊長　B大尉
注排水部指揮官　工作分隊長　C機関少佐
電機部指揮官　電機分隊長　D機関大尉

であったとしよう。時は昭和一九年一〇月とする（いま、注排水部、電機部両指揮官の階級名に〝機関〟の付いた旧称を使ったが、説明上こう書いたので、内務科誕生時にはすでにその二文字は削られており、兵科・機関科士官は一本の「兵科」に統合され、階級呼称は同一の少佐、大尉等になっていた）。

こんな戦艦「甲」が海戦に臨み、惨烈な戦闘が生じて内務長A中佐が戦死したとしよう。

すぐさま科内の指揮を誰かが継承し、応急防御の戦いをつづけなければならない。誰がコマンダーになるか？　当然、階級順、エライ者順からいって工作分隊長のC機関少佐――と読者諸賢、思われるだろう。

ところが、そうはいかなかったのだ。明治、大正のズ～ッと以前から、こんなときは運用分隊長であるB大尉が、機関少佐のC工作分隊長を差しおいて、指揮権を引き継ぐことに定められていたのである。どうしてか。

日清戦争が終わって四年後の明治三二年三月、「軍令承行ニ関スル件」と名付ける一つの〝秘密扱い法令〟が発布された。

『軍令ハ将校、官階ノ上下、任官ノ先後ニ依リ順次之ヲ承行ス……』

という内容の規則である。〝軍令〟には二通りの意味があるが、ここでのそれは「海軍将校が艦船部隊、すなわち〈軍隊〉を指揮統率する権限」といった意味だ。だから厳密に海軍社会を定義する場合、海軍省とか海軍工廠などは〈官衙《かんが》〉――お役所であり、砲術学校、水雷学校なんかは〈学校〉の部類に入って、いずれも軍隊ではない。

すなわち、当時の海軍軍隊指揮権は、兵科士官である将校だけのものであった。機関科のオフィサーは将校の仲間に入れてもらえず、将校に相当する武官にすぎなかった。だがこの法令のもとで日露戦争を戦ってみると、戦闘での機関部の重要性が今さらのように分かってきた。表面に出てきたのだ。

認識を更改する大きな因子となったのが、例の「旅順閉塞隊」の活躍である。文字通りの決死隊。三回、この作戦は実施されたが、参加人員中、約七〇%が機関科の将兵だったのだ。兵科が〝腕力〟ならば、機関科は〝脚力〟に相当する。近代軍艦には欠くことのできない戦闘力だという意識が、俄然エンジニア・オフィサーの間に高まりだしたのは当然だったろう。兵科もそれは認めた。

そういう自他の認識の変化は、機関官の階級名を変えた。日露戦役終戦の翌三九年一月、従来の機関大監は機関大佐に、大機関士は機関大尉にするなど兵科なみの呼称に改正が行なわれる。そして最高位には「海軍機関中将」がつくられた。これで一見、艦底のかれらも将校の部類に入ったかにみえた。だが、実態はまったく旧と変わらず、〝相当官〟のままであった。

機関官が相当官の枠から抜け出て、やっと将校と名の付く武官になったのは、大正四年一二月のことだった。といっても兵学校卒業者とまったく同じ「将校」ではなく、「機関将校」と呼ばれる別枠の将校だった。そしてこのとき、先記した「軍令承行ニ関スル件」なる内令を原型として「軍令承行令」と称する厳《いかめ》しい法令が

海軍軍隊指揮権の継承者は「軍令承行令」によって定められていた。写真は航海艦橋の操舵員

つくられたのである。

「第一条　軍令ハ将校官階ノ上下、任官ノ先後ニ依リ順次之ヲ承行ス」

ここまでは以前の〝承行の件〟と同様だった。が、つづいて、

「第二条　将校在ラザルトキハ機関将校軍令ヲ承行ス　其ノ順位ハ第一条ニ準ズ」

と新たな条項が付け加えられたのだ。

機関将校は兵科将校の後塵を

これでようやく機関科の士官も、別枠とはいえ将校の仲間入りができ、軍隊指揮権を受け継げる立場に立つことになった。しかし、第二条をジックリ見ると手放しで喜べる内容にはなっていなかった。

第一条がガンとして頑張っている。デッキの将校が全部いなくなって、やっとエンジンの将校に指揮権が回ってくる仕組みなのだ。極端な例えをすれば、軍艦で艦長サン、副長サンはじめ兵科の将校がバタバタと戦死し、ガンルームの若い少尉が一人生き残ったとすると、機関長である機関中佐は、数階級も下のヒヨッコ少尉の指揮を受けて戦わなければならない、そんな場面もあり得る規定になっていたのだ。

これは、それでなくとも何かにつけ、被圧迫感を感じさせられているエンジニア・オフィサーたちにとって、我慢のならないルールであった。不満はしだいに膨らんでいく。ぜひとも兵科・機関科士官の区別を撤廃してほしい、との請願運動が始まった。

ただし、だからといって、その運動は暴発するようなことはなかった。そんな請願が利いたからであろう、大正八年九月、それまでの「機関将校」は「機関科将校」と改称された。さらに一三年一二月、機関中将、機関少将の〝機関〟の二文字がとれて、兵科、機関科出身者とも、将官は押しなべて海軍中将、海軍少将と呼ばれることに変わった。だが、機関大佐以下の士官呼称はそのままだったし、肝心の軍令承行令の実質には、なんにも変化はなかった。

多くのエンジニア・オフィサーを輩出した海軍機関学校の正門

　機関科将校たちの〝兵・機一系・平等運動〟は、以後も地道にだが静かにつづけられていた。しかし、兵科将校でこの問題に理解を示してくれる人はきわめて少なかった。誰しも〝特権〟の牙城を築けば、崩したくないのが普通だ。年経て昭和一〇年ごろになっても、これに対する上層部の考えは賛否両論に分かれていた。

　といっても承行令じたいは、とくに戦闘時、敏活な指揮権継承、運用のうえから、必要で重要な規定である。問題はその中味なのだ。ところが、それが奇妙な方向から見直さなければならないハメになってきた。

昭和一二年七月、日華事変が始まり、大勢の商船学校出身の予備士官が充員召集されるようになった。かれら予備士官は、いずれも「兵科予備将校」あるいは「機関科予備将校」と呼ばれる〝将校〟である。なのに、当時の軍令承行令には、このコンパス・マーク士官の指揮権についてはなにも規定がしてなかった。召集されたかれらは、運送艦などの特設艦船だけでなく、掃海艇や水雷艇の砲術長配置にもついているのに。

兵科・機関科将校を一系に

そこで当局は、

「軍令ヲ承行シ得ベキ海軍各部ノ長、必要アリト認ムルトキハ召集中ノ兵科予備将校ヲシテ軍令ヲ承行セシムル事ヲ得

兵科予備将校軍令ヲ承行スル場合其ノ順位ハ同官階ノ兵科オヨビ航空科特務士官ノ次トス」

と、特例を設けて事変の修羅場を切り抜けることにしたのだった。こんな動きに触発されてか、機関科将校たちの、ぜひ兵科将校と同等でありたい、というよりも同質のものでありたいと望む願いは、陰然たる姿勢ではあったがより大きくなっていった。だが、変わらない。とうとう、艦船部隊の指揮権授受方式が不安定、不明朗なまま、太平洋戦争に突入してしまったのである。

といっても、上層部はこの問題をまったく無視していたわけではなかった。昭和一七年一

一月一日、戦争が始まって一年近くがたとうとしたときである。ついに懸案の兵科、機関科将校の区別を撤廃し、兵学校出身者も機関学校出身者も一様に、海軍将校あるいは海軍兵科将校と呼ぶことにしたのだ。

階級名も服装も同じになった。機関大佐、機関中尉といわれていた名称はたんに大佐、中尉になる。肩章、襟章それから軍帽の鉢巻についていた「紫色」の科識別線もはずされ、外見はゼンゼン海兵出の将校と変わらなくなった。

と同時に、最重要課題であった「軍令承行令」にも改正の手が加えられたのである。

それまでの「現役海軍士官名簿」では、兵科将校、機関科将校それぞれ別枠のなかで、階級順、任官の先後に名前が並んでいた。だが、このときからその枠がなくなったため、同一階級のなかで旧兵科、旧機関科将校が進級順に入り組んで並ぶようになった。そして、機関科出身の少将と大佐から一人ずつ航空隊司令が誕生した。これは、エンジニア・オフィサーでは初めての部隊長である。かれらにとってはまことに喜ばしい現象であった。

あんな大戦争の真っ最中に、統率の根底に関わる人事制度をイジリ回すことは好ましくなかったがやむを得なかった。改正は大仕事になったので、一回では済まず、数回の手直しをして二年後の昭和一九年八月に、最後の改正が実施されている。

「第一条　軍令ハ将校官階ノ上下、任官ノ先後ニ依リ順次之ヲ承行ス　タダシ召集中ノ予備役将校ハ同官階ノ現役将校ニ次イデ之ヲ承行スルモノトス

第二条　将校在ラザル時ハ特務士官（兵）准士官（兵）下士官（兵）オヨビ召集中ノ予備

将校（兵）ヲシテ軍令ヲ承行セシムル事ヲ得 其ノ順位ハ前条ノ規定ニ準ズ タダシ任官同時ナルトキハ現役特務士官（兵）ハ召集中ノ予備将校（兵）ニ次イデ之ヲ承行セシムルモノトシ、召集中ノ予備役特務士官（兵）ハ同官階ノ召集中ノ予備将校（兵）オヨビ現役特務士官（兵）ニ次イデ之ヲ承行セシムルモノトス

第三条（略）

第四条 本令中（兵）トアルハ昭和一七年一〇月三一日以前ノ規定ニ於イテ兵科オヨビ飛行科ノ特務士官、准士官オヨビ下士官又ハ兵科予備将校ニ該当スル者ヲ謂ウ」

ずいぶん長々と書き連ねたが、軍令承行令の最終形である。ようやく機関科将校が望んでいた承行令ができあがったのであった。

特例を設けて兵・機を区別

しかし、規則が変わったからといって昨日まで艦底の機関室に潜っていた将校に、今日から青天井のデッキで運用作業の指揮をとれ、艦橋で操艦にあたれといっても、ご当人は面くらい、困惑してしまうだろう。その逆も成り立つ。そこで内務科設立を機会に、新任の内務長や内務長予定者に講習を実施することにした。

昭和一八年一〇月二二日付の達示で、表3に記すような内容、要領での実施が決められたのだ。内務長を務めるのに必要な技能を修得させるのを目的とする補習とし、海軍兵学校、海軍機関学校出身別に実施することにした。受講者は主要大型艦の現任者、予定者すべてに

わたっていた。

この大改革で、機関科出身の将校も以後ダメ・コン配置を経由して、軍艦艦長から戦隊司令官にもなれる道筋ができたのである。しかし、この改革によって内務長は、旧来の兵科、機関科、工作科三者の知識・技能を身につけなければならないことになった。そんな芸当が二週間や三週間の講習で可能なわけがない。

そこでまた、軍令承行令に特例を設けることになる。

〈表3〉内務長養成のための講習

出身校	講習内容	場所	期間
兵学校出身	電機、補機一般 上記要務	工機学校	約10日
	工作、注排水一般 上記要務	工作学校	約10日
機関学校出身	運用、応急一般 上記要務	航海学校	約15日

※講習員は戦艦、空母および巡洋艦（高雄型、最上型、利根型、阿賀野型、青葉、大淀）内務長および同予定者とす

戦艦、空母、巡洋艦などの「軍艦」、それから駆逐艦、潜水艦といった、主として艦隊決戦で働く艦艇に限っては、昔のままの軍令承行方式で指揮を継承することに、〝あらためて〟規定したのであった。

そしてもう一つ別規定を設け、海防艦、輸送艦、水雷艇、掃海艇などの艦艇では、将校、予備将校（兵）、特務士官（兵）、准士官（兵）、下士官（兵）が、新承行令どおり階級順、同階級ならば任官の古い者順に指揮権を受け継いでいくことに決めたのだ。当然、ここでの〝将校〟には旧兵科、旧機関科の区別はない。

さて、先述した「機関科士官は『将校』にあらず」の項冒頭に掲げた〝例え〟に立ち返ってみよう。戦艦「甲」内務科

の指揮権はC（機関）少佐に移るかに見えたが、改正承行令と付帯するその特例からいって、B大尉の手に移って当然ということになる。しかも、防御総指揮官の副長が生存しているので、B大尉の指揮活動は円滑に実施されたはずである。人的防御戦体制はこれでおおむね万全（？）の備えができたといえた。

第四章　太平洋戦争後期の艦内応急防御戦

艦内不燃化に徹底を期す

さて、艦隊の人的防御戦体制は進んだものの、〝艦隊内の全艦〟一斉に新たな改定編制に移ったわけではなかった。

なにぶんかつての機関科の領域は広かった。機械・缶・電機・補機と四部門を抱えていたのだ。人員も多い。たとえば昭和一二年度の重巡「高雄」あたりでは、下士官兵全員の五八%は水兵だが、機関兵もそれに次ぐ三三%を占めている。科の運営でも、デッキの当直将校とは別に「機関科当直将校」が立つほどなのだ。機関長は昔でいえば、権威の大きい大藩主である。となると、領地を減らしたくないのも人情だろう。

だから、海上の艦船現場にはそう簡単に内務科の設置を肯《がえん》じない機関長もいた。あちこちの艦で一悶着おきたらしい。頑として〝絶対反対〟を叫んで譲らない、いうこと「キカン」長も(「高雄」ではないので、念のため)。

こんな空気の発生を予感したのであろう、中央当局は艦内編制令の改正にあたって、

「本令ハ昭和一八年一二月一日ヨリ之ヲ施行ス
本令施行ノ日ヨリ向ウ二年間従来ノ機関科編成ニ依ル補機部ハスナハチ之ヲ機関科編制中ニ存置シ又ハ内務科編制ノ部トシテ一括編入シ置クコトヲ得」

と変更に時期的余裕を持たせたのであった。

そのころの一九年一月（一八年一二月ともいわれる）、軽巡「五十鈴」は、クェゼリン、ルオットに来襲した米機動部隊機により猛爆を食らった。それは終日におよび、船体もエンジンも大破する。直撃弾三発を右舷に受け、至近弾も多数だった。士官室付近に火災が発生し、後部弾薬庫浸水。乗員の三分の二に達する大勢の戦死傷者が生じた。五五〇〇トンの小さな体にこんな大打撃はたまらない。

だが、電機・補機分隊長が兼務する内務長以下の防御陣、さらには機関科員の、二日間にわたる文字通りの不眠不休の奮戦、努力は実る。応急作業の結果、瀕死の船体は四軸あるシャフトのうち、一軸のみだが運転可能となったのだ。さっそく微速（六ノット）航行を開始する。舵は人力操舵である。一〇日間もかけ、かろうじてトラックに帰投できたという。もしも、内務科という新組織ができていなかったなら……。艦内に内務科が生まれて、最初のお手柄ではなかったろうか。

当時、日本海軍は近く中部太平洋を押し渡ってくるであろう米国艦隊との大決戦をひかえ、艦内の防火・防水・傾斜復原にヌカリのないよう、手当てをすることは喫緊事であった。

その海戦こそ、日本防衛の天王山になるのだ。

応急防御のための編制替えが行なわれるかたわら、インテリアの改装が急ピッチで始められた。むろん、第一番は艦内の不燃化だ。艦本からの指示で、居住区艤装に関してそれは徹底したものだった。士官公室でも、テーブルは兵員室と同様に持ち出し容易な木製品へ。鉄製の骨組に布団を敷いたソファーと最小限の書庫を除き、あとは全部撤去と申し渡される。ただし士官私室の扉は残された。兵員用のハンモックも三割は残したが、就寝には毛布かゴザを敷いてゴロ寝ということになった。

ルオットで米機動部隊機の空襲にさらされた「五十鈴」

それはGF旗艦・天下の「武蔵」といえども然り。士官室はペンキをはがしたガランドウの空間と化す。その他、床のリノリウムをはがし、カーテン類や木製品などの可燃物は一切廃止されるなど、居住性はまったく無視された。

「大和」「武蔵」では、舷窓を閉鎖することになった。こういう工事は昭和一八年八月から巡洋艦に実施したのが最初である。それにつづいたわけだ。主要防御区画の前後部居住区を対象とし、存置可としたのは中央部上甲板で長官公室、士官室に各一個、士官次室、医務室、兵員室など大区画の各一個にとどめ、その他をことごとく閉鎖するとされた。ただし最上甲板はそのまとした。なおアメリカでは、開戦前から新造艦の舷窓を全廃していたという(『戦艦武蔵建造記録』内藤初穂)。

「大和」「武蔵」――初被雷

チョッと話をそらすが、この時分になると、兵・機一系の制度改正上、旧制度の機関科将校養成学校である海軍機関学校でもようやく、生徒に兵科将校としての勤務もできるようなカリキュラムが組まれはじめる。五四期生(兵学校の七三期に相当)に対して、「八雲」とか「迅鯨」など、古いフネを使ってデッキの航海実習が行なわれた。

卒業後は舞鶴(江田島に対比しての機関学校愛称)出身の若い士官も、機関室に勤務するばかりでなく青天井の下にも出るのだ。後日、常務では甲板士官となり、戦闘配置では注排水指揮官になった青年オフィサーがいる。あるいは飛行学生に選ばれて、操縦士官になったエンジニアもある。うち、九名が神風特攻隊に参加、戦死したのだ。

そして、本命の工作術の実習では工作機械の性能大要を、また潜水法の大要を学ぶのは当然として、新たに注排水法の学習が顔を出した。これはいささか遅かったような気がするが、工廠へ行っては入渠中の艦に乗り、防御関係の見学をした。教室の講座でも、実戦における幾多の火災や浸水に対する処置例が説明される。これは、若い生徒たちに大きな感銘を与えたようだ。新しい機運がみなぎってきた。

そんなころの昭和一八年一二月、戦艦「大和」が米潜に狙われたことがある。横須賀を出発し、二五日にトラック入港の予定で航行していた二四日夕方、突然、右舷後部に鈍い衝撃を感じ、水柱が立ち上った。そのとき防御総指揮官の副長が艦橋におり、即「総員、配置につけ」の号令をかけた。潜水艦魚雷に間違いなし、と。

見れば右舷から重油が流れ出している。最下甲板の後部機械室と上部火薬庫に浸水はじまる！　との報告が上がってきた。副長は「砲塔員退去」「防水かかれ」を下令する。素早い処置が良かったようだ。傾斜は約四度に抑えられ、そのまま二五日、トラックに滑り込むことができた。

被害状況を確認するため、入港後、内務科の手で注水し、反対側の左舷に約一四度傾けてみた。工作艦「明石」の工作兵が潜ってみたところ、吃水線から二メートルばかり下方、一七〇番肋骨あたりのバルジに左右七〜八メートル、上下四〜五メートルほどの大穴が認められた（『戦艦大和へのレクイエム』内藤初穂）。しかし、アーマーに異常は認められない。ならば、なぜ後部機械室と上部火薬庫に浸水したのか。その場では理由は分からなかった。

だが、翌一月、呉に入港したさい工廠で被害箇所を調査してみると、魚雷命中点の甲鉄に異常はなかったが、付近の数枚の甲鈑が内側にめくりこまれていた。そのため甲鉄背板の防御材についているブラケット（張り出した腕金）が内側に折れ曲がっていた。さらにそれが、内側の弾片防御壁を突き破って機械室火薬庫の壁をこわし、内部に漏水させたのだった（図

5)。

要するに、上部および下部の舷側甲鉄の支持法と甲鉄背後の船体構造全般に、弱点があったことになる。これではいかになんでも、艦内内務科では分からないはずだった。工廠ドックに入り、専門家の手で応急的な対策がとられたのだが、ついに根本的な改正は最後まで実施する暇がなかった。

そしてそれから間もなくの一九年三月、こんどは「武蔵」がやられてしまった。またも米潜水艦に、だ。

パラオの西水道を出て北方に進んでいるときだった。三本の白い雷跡が左舷後方から進んでくる。そのうちの右二本はかろうじてかわし得た。だが、左の一本が左舷錨鎖孔の下にぶつかると炸裂し、一五メートル？　ほどの水柱を上げた。浸水したが、ただちに注排水装置を使って速やかに艦の安定を回復する。速力も落ちない。艦隊司令部からの指示で、二三ノットを保って一八〇〇浬を突破し、呉に入港することができた。

魚雷命中の場所は非防御区画であった。記録によれば、浸水は命中箇所と隣の兵員室一部で止まり、浸水量は約二〇〇〇トンであった。敵魚雷の雷速は推定四〇〜四五ノット、射程五〇〇〇メートルと推測された。水線下約六メートルのところに当たっており、バウ・トリム一・三メール（正常な状態よりも艦首が一・三メール深く沈下している）だったとされている。

水中調音機室の七名が現場で戦死、「武蔵」最初の犠牲者であった。一酸化炭素ガスの発

〈図5〉「大和」被雷・破壊状況

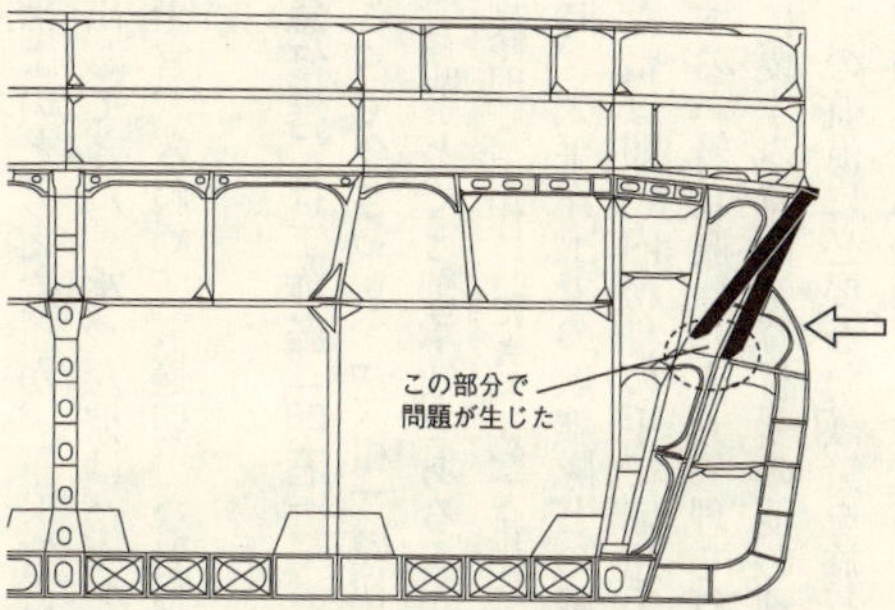

魚雷爆発の圧力で上下部舷側装甲の接合部が破断、上部舷側装甲とその受け材が艦内に押し込まれ水密構造が破壊された

生で、艦底より中毒患者が上げられてきたが、衛生兵の活躍でたいしたこともなく回復した。本来、一酸化炭素は狭所での瞬間爆発により発生する有毒ガスなのだが、幸いであった。船体の損傷は軽微で、突貫工事でたちまち修復を終える。造船上問題になるような被害ではなかった。

命中のそのとき、乗員は主砲の発射音と間違えたくらいで、たいした震動音ではなかったらしい。機関室にいた者など雷跡は見ないし、損傷箇所など分からないので、魚雷命中と聞いて今さら驚く始末であった。「『武蔵』は絶対に沈まない。本艦に乗っていればゼッタイ大丈夫」の声が兵員たちの間に沸きあがったそうだ。それも当然であったろう。といっても場所によりけり。病室でウンウン唸っていたのに、音と響きに驚いて廊下に飛び出した患者もいたそうだ。

巨大戦艦「大和」「武蔵」の初被害報告、〝以上終わり〟である。

いや、まだあった。呉工廠ドックに入渠のさい、浸水した酒保倉庫から揚げた物品のなかに多量の

「虎屋の羊羹」があった。掌経理長は海水に浸かっただけだから、清水で洗って乗員に提供すればよいと考えた。が、軍医官は「衛生上の見地から宜しくない。処分せよ」と厳しい指示を出してきた。承った彼はハタと困った。しかし、掌経理長ともなれば海軍歴ウン十年の特務士官、きわめて〝適切〟な処地を講じたそうである。具体的なことはオッシャラないが。

応急修理には工作艦「明石」

ところで今さっき、「大和」の初被雷に関して工作艦「明石」という艦名を出した。多くの読者諸賢とくと御承知であろうが、このフネは前線にある連合艦隊にとって、所属艦船の〝緊急修理・工作〟にきわめて重要な任務を持つ特異なグンカンであった。

当時、太平洋上での敵艦隊との戦いは、数次の決戦の繰り返しが予測された。そのとき傷ついた艦は即、内務科の手で応急手当を施して前進根拠地に戻る。そこで、高度な工作機能を有する〝特務艦〟により修理を行なって艦隊に返す。さらに、損傷の程度が大きく重く、修理に要する時間、資材その他の理由から、工廠へ還送する要ありと判断された場合は、内地までの航海に必要な防護策を施行して出港させる。こういう役目をするのが「工作艦」という特務艦であった。

したがって、こういう能力を持つ艦は、戦前の早い時期から所有が望まれており、それ専門の艦として建造されたのが、昭和一四年七月竣工の「明石」、基準排水量九〇〇〇トン、最大速力一九ノットのフネだった。ずいぶんと製艦時期が遅かったのは、財布の都合からだった。

太平洋戦争開戦後は、建造目的から当然のことにGF付属として、前進根拠地トラックに張り付いていた。

ミッドウェー沖の戦いで重傷を負った巡洋艦「最上」が、そのトラックへ帰ってきたのは一七年六月一三日であった。ホール（艦首部）を切断された見るも無惨な姿である。さっそく「明石」に横付け係留。突貫工事で折れた鼻柱を切り落とし、新たに仮の艦首を付けねばならない。

「明石」からただちに修理の工作兵が乗り移る。「最上」の機関科は缶室、機械室に直撃弾を受け火災を起こしていた。焼けただれたメイン・シャフトの軸受けの修理はその場ではできない。「明石」に持って帰り、ホワイト・メタルを流し込み、荒仕上げをしてふたたび「最上」の現場へ。摺り合わせ作業を行ない、そして試運転。シャフトの歪みなどもあり、軸受は熱を持ち熱くなる。ダメかなー、もつかな〜、とみんな心配したが、どうにか運転に耐えられる見通しがつき、「最上」側も「明石」側もホッとしたのであった。

さて艦首だ。応急工作とはいえ、これから内地まで太平洋の荒波を乗り切るだけの強度がなくてはならない。大きな仮艦首を造り、「ワイヤー」で固定した。徹夜徹夜の特急工事約一ヵ月。全体の修理が終わって八月五日完成する。速やかに呉に向け、「明石」付き添いで出港に入った。道中、ホールの水切りの悪いのは当然だが、ものすごい白波に鼻柱が落ちはしないかと、毎日心配しながらの航海だった。が、一一日、無事に呉着。工廠では新しい艦首を造り、待ち構えていた。「明石」は大任を果たして引き渡しを終えると、一服の閑もなくトラックに引き返したのである（『工作艦明石追想記』工作艦明石慰霊碑保存会）。お手柄であった。

ミッドウェーの失敗が大きな打撃となって、「明石」の両舷には常時、二、三隻の艦が横付けされ、夜を徹した応急作業が行なわれるようになった。

だから、艦船の内務科と海軍工廠との間に立ち、重要な橋渡しの役目をするのが工作艦であった、といってよいであろうか。

「明石」には工作部が

したがって「明石」には、内務科が新設される前から、応急防御部門のなかで運用科と並ぶはずの「工作科」は、存在しなかった。その代わり、昭和一三年六月に「明石」の定員（表4）が定められたとき、機関長は機関中佐もしくは機関少佐と決められたのに、別枠で「工作部」という部門を設け、その部長に機関大佐を置くことにしたのだ。

そして、部員として機関中佐、造船中佐各一人のほか、兵科、機関科、技術科の少佐、大尉あるいは技師を計一〇名、補任する。かつ、工作部付として九名以内の技手と、四一〇名以内の工員を乗艦させる。工作部付には「特務士官、准士官、下士官マタハ兵ヲ以ッテスルコトヲ得」としたのである。

かれらはいくつかの工場に分属して作業をするのだが、たとえば、「明石」就役当時の砲熕工場の構成は、技手二名、熟練工員一五名、下士官兵五名という編成だったという。居住は、工作兵と工員は分隊編成になっていた。

工作部は造船、造機、造兵の各部に分かれ、さらに砲熕、水雷、電機、鋳造、鍛造、鈑金、木工など多種の工場がデッキに分置されていた。上甲板には二三トンと一七トンの大きなクレーンが三基あり、広い倉庫もあった。そして、あまたある高性能工作機械は最新のものばかり。ドイツなどから輸入したものも多く、工廠にもない機械さえあった。溶接機も一八台

〈表4〉工作艦「明石」の定員

特務艦長	大佐	1
副長	中佐	1
航海長兼分隊長	少佐、大尉	1
砲術長兼分隊長	少佐、大尉	1
通信長兼分隊長	少佐、大尉	1
運用長兼分隊長	少佐、大尉	1
乗組	中尉、少尉	1
機関長	機関中佐	1
分隊長	機関少佐、機関大尉	2
乗組	機関中尉、機関少尉	1
軍医長兼分隊長	軍医少佐、軍医大尉	1
乗組	軍医中尉、軍医少尉	1
主計長兼分隊長	主計少佐、主計大尉	1
乗組	主計中尉、主計少尉	1
乗組	特務中尉、特務少尉	2
乗組	機関特務中尉、機関特務少尉	2
	兵曹長	2
	機関兵曹長	2
	主計兵曹長	1
	兵曹	26
	機関兵曹	40
	看護兵曹	2
	主計兵曹	7
	水兵	101
	機関兵	75
	看護兵	4
	主計兵	20

ある。鋳鋼の大型鋳物も製作可能。それだけでなく、内地から曳航して設置した三〇〇〇トンの浮きドックがあったのである。いつも損傷艦を何隻か横付けしては、修理をバリバリやっていた。それはあたかも〝動く海軍工廠〟であった。

しかしそんな、貴重な艦「明石」の運命が尽きるときが来た。昭和一九年三月三〇日、パラオにおいて敵機動部隊の空雷・爆を喰らったのである。先立つ二月なかば、常駐港トラックで大空襲を受け、そこにいられなくなり移動したのだ。なにぶん当艦は戦闘艦ではない。一万トン近い船体を持つものの、防御砲火は一二センチ高角砲二基・四門、二五ミリ連装機銃二基のみだ（それでも、他の運送艦などに比べれば良いほう）。注排水装置など無論ないであれば頼みの綱は、ファイア・メインと消防ポンプだけだ。そして〝沈〟しても〝没〟しないよう、浅い場所に転錨しておくことである。

「配置につけ」のラッパが鳴るとただちに消防ポンプが起動され、規定圧力に保たれた。補機部指揮所にその旨届ける。やがて敵機の爆音が近づき、高角砲の発射音が響きだす。機銃も撃つ。ポンプ室ではひたすら機械のゲージを見つめるのみだ。こんな波状攻撃の繰り返しが数回。早めに主計兵が握り飯を運んできた。

そして午後。またしても敵機来襲である。キーンという金属性の急降下爆撃の音とともに、ガーンという大きな音が聞こえて艦が揺れ動いた。木工場火災の報あり。ポンプの水圧ゲージの針がグーンと下降する。急いで調整ハンドルを回して、所定の圧力に保つ。放水、消火の時が過ぎると圧力が上がった。またハンドルを緩め、元に戻す。これが〝縁の下のその下〟の力持ち、ポンプ員の任務なのだ。

急降下の金属音頻繁。ついに、ドカーンとすさまじい音とともにショックがあり、電灯が消えた。ポンプもストップ。発電機が停止したのだ。だが、しばらくするうちに発電機は再起動し、電灯がつきポンプも稼働を始める。
午後の攻撃はいっそう激しさを増していた。艦も少しではあるが傾いたようだ。ポンプ室の外に出てみると、左舷側の破孔から海面が見え、デッキの上は、人の呻《うめ》きと流れる血潮で惨憺たる有様であった。

そして全艦炎上し、かつ満水になる。ついに総員退去の号令が発せられた。「明石」は沈没することなく、腰を下ろすように着底した。そこは、干潮時には上甲板が水面上に出る程度の浅いところであった（同前）。

いやそれにしても、「明石」について少々長く書きすぎたか。本艦の艦内構成は他の戦艦、巡洋艦などとはだいぶ様変わりしていたし、〝動く工廠〟であるとともに、艦隊各艦内務科の〝大親方〟だったので、つい。だが応急防御戦については、「軍艦」以下の「グンカン」だったようである。

「大鳳」被雷——応急防御は？

昭和一九年半ばになると、太平洋上の戦闘はわが方にとってますます苛烈、不利になってきた。最初の大海空戦がマリアナ沖海戦である。味方の参加空母、全九隻、敵方は一四隻であった。この戦いで、なんとわが虎の子空母が、またまた三隻も沈められてしまったのだ。

小沢治三郎中将率いる第一機動艦隊の各母艦から、敵空母部隊めがけて第一次攻撃隊二四三機が逐次発艦したのは、六月一九日午前七時半よりだった。艦隊の総旗艦は第一航空戦隊の空母「大鳳」である。全機離艦を終わり上空で編隊を組むと、〇八〇五、進撃に入った。ところが、そのとき艦爆の一機が変な行動をとった。いきなり上昇すると見るや、右旋回して急降下し、海面に突っ込んでしまったのだ。見ている者は皆アッケにとられた。気がつくとそこから白い筋がこちらに伸びてくる。雷跡だ！　距離約五〇〇〇メートル、四本！　その機は身を犠牲にして、潜水艦の魚雷が「大鳳」に向かってくることを報せたのであった。

いや、あわよくば体当たりでその魚雷を叩きつけようとしたのかも。しかし、雷跡は伸びる。航海長による必死の回避運動も効なく、ついに一本が右舷ドテッ腹に命中してしまった。ドッカーンという轟音とともに、「大鳳」の悲劇は始まる。時刻は〇八一〇と記録されている。

しかし、音こそ大きかったものの、艦の外観にはほとんど変化なく、艦首が少し頭を下げた程度であった。速力は二八ノットだったのが、二六ノットに落ちただけ。だから、乗員たちは異口同音に、「さすが『大鳳』。魚雷の一ポンくらいじゃあビクともしね〜や、不沈空母だ」と、意気軒昂であった。先記した「武蔵」乗組員と同様だ。

本艦の特色は特段に十分な防御にあった。航空母艦は船体が帆船のようにガラが大きく、背が高いので操艦運用上の扱いが結構ヤッカイである。しかも、飛行甲板は脆弱、わずか一発の爆弾で空母としての機能を失ってしまいさえする。そこで、初めて飛行甲板に装甲防御を施したのが「大鳳」であった。

基準排水量二万九三〇〇トンという大きな船体の、飛行甲板のうち発着艦に必要な最小限部分だけ、二〇ミリDS鋼板の上にCNC甲鈑を重ね、五〇〇キロの急降下爆弾にも耐えられるようにした。対魚雷防御もそう。炸薬量三〇〇キロの魚雷に耐えられるよう、中央部主要区画の舷側には液層を使用する防御方式が適用された。そして、開戦以来の多くの戦訓も盛り込んだので、まずチットやソットの攻撃には十分持ちこたえられるはずだと考えられていた。

魚雷を喰らって間もなく、運用分隊と工作分隊に「至急　被害箇所応急作業かかれッ」の指令が飛んだ。

？？一見何事もなさそうなのに、どうしたというのだ。流れてきた情報によれば、被雷、爆発の衝撃で前部エレベーターが零戦を載せたまま動かなくなったらしい。また、前部ガソリン・タンク付近から〝洩れ〟が始まったという。揮発したガスが下部格納庫をはじめ各部に漂い、窒息して倒れる者も出たと報告されてきた。エレベーターは戦闘機格納庫に止まったままだ。肝心なフライト・デッキがこの状態では、帰ってくる攻撃隊を収容することができない。

大至急、修理だ。応急班は後方への油流出防止に全力をつくす。内務長以下、内務科員の出番である。

「大鳳」ついに爆沈

艦内では、工作分隊長の采配でエレベーター開口部の応急塞ぎ方が始まった。一四メート着発に差し支えない程度に修理を終えた。作業は、蒸し暑さとガスの臭いとで、倒れる者続出だったという。
着甲板の高さに達する櫓を築き、その上を兵員用の食卓とか厚板で塞ぎ、どうにか飛行機の
厚板を下から担ぎあげるのも一騒動である。ようやく停止しているエレベーターの上に、発
ル四方を、大急ぎでバラ打ちシャットだ。防水蓋、防水扉が閉まっているので、太い丸太や

一方、艦首の沈下は内務科・補機分隊と工作分隊の手で修復された。注排水装置の作動により左舷後部タンクへ注水され、トリムと横傾斜が直されたのだ。

その一二時ころであった。「気化ガス発生。爆発の危険があるからタバコを吸うな。火の出る行為、作業はするな」との伝達が流れた。甲板士官の指示で各分隊の作業員は、防毒マスクをつけて下部格納庫に下りてゆく。ものすごく暑い、息苦しい。衝撃でひとりでに閉まった遮風板などはハンマーや鉄棒で叩き破り、コジリ開けるのだが、ときどき火花が出るので冷やりとする（『不沈空母大鳳謎の最期』堀豊太郎）。

もちろん、こういう困難な作業に入る前に内務長はガスの侵入区画を調査し、漏出をできるかぎり抑えるとともに、艦の保安に差し支えない範囲で舷窓やハッチを開いて揮発油ガスを追い出すことは実行していた。エレベーターの昇降口閉塞作業が終わると、内務長はその終了を菊池朝三艦長に「戦闘航海に支障ありません」と報告していた。

しかし、すでに漏れ出したガソリンはガス化をつづける。滞留を防ぐため、後部エレベーターも下げ、発動機調整室の扉を開いて空気の流通を図った。だが、なかなか完全にはいか

ない。と、突然、ガガーンという超大音響をともなう激震が全艦を揺るがした。体がハネ上げられる。艦橋にあった参謀長たちも一度ほうり上げられ、尻もちをついて倒れた。明らかに、どこかに残留していたガスになんらかの原因で引火したのだ。時刻は一四三二。といっても爆発が、それも桁違いの大爆発であることが分かったのは、いっとき間を置いてからだった。あの重いアーマーを張った飛行甲板が餡板のように中高《なかだか》に盛り上がり、その前部は紅蓮の炎をあげて燃えだしていた。

航海士は、すぐさま艦橋後ろ側にある格納庫の遠隔消火装置を発動した。だが、効果はなかった。艦橋の速力計はみるみるうちに下がっていった（『空母「大鳳」の回想』藤井伸行）。あちこちから火の手が上がる。消防主管からは一滴の水も出ない。缶室へも通風筒から煙と火がドッと入った。機関科はほとんど全滅したようである。顔、頭、両手、両足と大火傷した乗員が艦内から這い出してくる。

もはや応急のなんのという段階ではなかった。

間もなく、煙突に装備されている排気管が、安全弁の吹くゴーッというすさまじい唸りを発した。先ほどまでの高速はどこへやら、「大鳳」はピタリと停止した。エレベーター付近の作業員や機銃員など甲板上の乗員は、みんな海にハネ飛ばされてしまったらしい。さしもの大艦が一挙に死の町と化したのだ。運命は決まった。

「大鳳」が沈没したのは一六三〇ころであった。ならば、いかなる原因で爆発が？　あ発電機室の後方は缶室なので、ついにここまでガソリンが拡散して爆発したのだろう。あるいは換気用のモーターのスイッチを入れたとき、火花が出たのではないか、またあるいは運転中のモーターの過熱ではないか、などいろいろ取り沙汰されている。造船陣での推測はこうだ。前部軽質油タンク部の外板に魚雷は命中している。本艦電動機室はこのタンク区画の直上だ。ために、そのデッキは対爆弾防御の甲鈑張りであったが、ショックで生じた接ぎ手の亀裂部からガソリンが上部に溢れ出てきた。そしてそのガスが格納庫に充満し、なんらかの原因で引火したのではと、判断している(『海軍造船技術概要』今日の話題社)。

ともかく「ガス爆発」は恐ろしい。たった一本の魚雷で、三万トンもの最新・最鋭大航空母艦が消えてしまうのだから。

「翔鶴」も被雷、沈没

「大鳳」だけでなく、なんと一航戦では三番艦の「翔鶴」も敵潜にやられていた。一一二〇だったが、「大鳳」の後方を走っているとき右舷に四本の魚雷を受けたのだ(三本との説もある)。右前方一一〇〇メートルからの発射であった。「大鳳」が大爆発する三〇分ほど前である。

「翔鶴」の被雷沈没については公的な記録、私的な回想録が少ないので、筆者にはどうも詳しいところが分明でない。

防研戦史『マリアナ沖海戦』では〝米潜水艦の雷撃を受けて火災となり〟と簡単に記して

いるのだが、乗り組んでいた電機部下士官宮崎完氏は一発目が右舷艦橋前方下部の主管制盤室前方に、二発目は右舷中部の後部変圧器室に当たって、艦内電灯の半分が消灯する。三発目は中央発電機室や電機工場などのある補機室へ命中した、と手記している（『空母翔鶴最後の決戦』土曜通信社）。

この日、兵力の関係から艦隊は対潜警戒を実施していなかったのだという。理由はともあれ、作戦蹉跌の起因はここにあったといえるのではないか。「大鳳」の沈没も同様である。

右舷への被雷だったので、ただちに注排水指揮所の管制で反対舷・左舷へ注水を行ない、姿勢を直す。三番目の爆発がことのほか大きく感じられたそうだ。室内はいたるところ暗黒と化す。前部へのトリム傾斜はさらに増大をつづける。三発も魚雷を喰らっているので、どうしようもなかったらしい。暗黒化も進む。

応急員が走りまわるそんなうちに、ひときわ大きな爆発音が響いた。格納庫に恐れていた火災が発生したのだ。空襲ではないのにどうして発火したのか？　消火は進まない。格納庫では誘爆がつづき、艦橋も大火災となる。為すすべなし。ついに「総員退去」の令が出された。沈没は一四〇〇と記録されている。艦首から、頭を突っ込むようにして。

「飛鷹」も被雷

六月二〇日午後になると、小沢部隊はついに敵機動部隊に襲われるところとなった。雷・

爆撃機の協同攻撃を受け、第二航空戦隊では二番艦「飛鷹」に魚雷一本が命中する。

ところで、艦隊全般にわたる難燃化・不燃化工作について前に記したが、小沢部隊の二航戦ではそれが度外れといってよいほどに、力が入れられたらしい。所属する「隼鷹」「飛鷹」は、元は日本郵船の「橿原丸」「出雲丸」という商船だ。装甲はないに等しい。したがって乗員の居住性はすこぶる良かったが、半面、各部に木製品が多かった。それを不燃化であらかた引っ剝がしてしまったのだ。とくに「隼鷹」は、豪華客船としてほぼ完成していたフネを空母に改装したので、〝削りとり作業〟はヤリ甲斐(?)があった。

「飛鷹」では昭和一九年二月、横井俊之大佐が艦長に就任して以後、特段に防御戦備が進んだといわれている。あるとき応急訓練の一環として、内務科工作分隊長の発案で傾斜対処訓練を行なったことがあった。場所は岩国沖。重油を片舷に移し、九度傾けた状態で諸訓練を実施してみることにしたのだ。

これは缶室あるいは機械室の一方舷に浸水した場合、計算上、九度傾斜することになるので、その態勢が各科の作業、戦闘にいかなる影響を与えるか、調査しようとの目論みからの発想であった。朝からポンプを駆動、重油を右舷に移動しはじめたが、移送終了に四時間もかかったという。

実施前は、九度程度の傾きなど、なにほどのことやあらんと高をくくっていたが、実際にはひどく傾いたように感じるそうだ。飛行甲板に出ると、いまにも滑り落ちそうで、艦が転覆しそうな感じがしたという。こんな経験はめったに得られない。攻守両面に貴重なデータが得られた。

不燃化作業でも士官の各公室は木甲板まで削り、私室も寝台と箪笥の引き出し一個、椅子一個だけを残す。隔壁も取り外して洗面器は二室に一つ。まことに殺風景な設《しつら》えになった。が、ただ、艦長室と艦長公室だけは前のままとした。一艦の中心であり、象徴たる人物の部屋なので士官室全員の意見で残されたのであった。

マリアナ沖海戦を直前にした空母「隼鷹」の士官搭乗員室風景——決戦を前に、燃えやすい木のテーブル類はすべて撤去されたために床に座っての食事となった

「隼鷹」でも同様に、あるいは「飛鷹」以上に不燃化を実施しようと、内務長はだいぶ張り切ったらしい。そのため士官室から「あんまりだ、ヤリすぎだ」と不満の声が出た。ついには、飛行隊長I少佐と内務長、両者取っ組み合いの騒ぎを演じる始末だったという。

話がそれた。もとに戻そう。

マリアナ沖海戦二日目の六月二〇日一一〇〇ころ、「飛鷹」では副直将校が、防御総指揮官として艦橋左舷側に立っていた副長のもとへ、「敵大編隊 こちらに向かう」と報せてきた。副長は総員を配置につけ、警戒を強化する。飛行甲板上のわが機もつぎつぎに発進。やがて敵機群は左方向より「飛鷹」に来襲してきた。敵は雷爆同時戦を仕掛けんとする模様。一弾が右海面に落下した。副長は伝令を呼び、内務長に「右舷中部に至近弾」と伝えるよう命じる。断わるまでもなかろうが、内務長が防御指揮官だからだ。

副長がさらに戦況を注視していたそのときだった。突っ込んできた六機のうち一機が雷撃に成功する。魚雷は右舷機械室後部の冷蔵庫室に命中し、海水は冷蔵庫室と右舷機械室の隔壁を破って滝のように機械室に侵入してきた。だが、右舷機械室では幸い全員が退避する余裕があった。その間、約四分くらい。ただ同時に、左舷機械室も完全に止まってしまった。

「飛鷹」ついに総員退去

艦が右へ傾いた。傾斜計は九度を示す。ただちに復原しなければ。が、内務長から「注排水指揮所、応答なし」との電話が入った。どうしたのだ？　副長は、缶部指揮官のもとへ信号兵を走らせ、至急、重油を移動して傾斜を直すよう命じる。なんと、魚雷が命中し爆発のさいに発生するガスで、注排水指揮所員は八名を残してみんな戦死していたのだ。例の一酸化炭素ガスだろうか？　しかし、応急の抜かりない準備と訓練の徹底、応急員の勇敢さとで、発生した火災は三〇分で消しとめた。

ふたたび爆撃が始まった。爆発音とともに、火災が再発生する。どこだ？　防御総指揮官の命でガソリンタンク外側の空所にあらかじめ注水してあったので、ガソリンの爆発、燃焼とは考えられなかった。

そのとき一機の敵機が、艦橋に機銃掃射を浴びせてきた。アッという間の出来事だった。飛行長戦死、航海長負傷、そのほか大勢の死傷者が発生する。傾斜はなかなか復原しない。しかも、オールエンジン・ストップ。防空指揮所から艦橋へ下りてきてこの状況を見た艦長は、「むーん、これでは他艦に曳航してもらうしか、手はあるまい」といった。「長門」が左舷近くを反航していたのだ。

そんな今後の対策を艦長、副長らが協議しているとき、突然ブルブルッと艦体が揺れたと思った瞬間、前後部の昇降機がものすごい音響とともに高く飛び上がった。前部機は煙突の高さ以上に、後部機はそれよりズッと高く飛び上がると、ふたたび元の穴に落ちていった（？）。このショックで、艦の傾斜は一気に復原した。昇降機からはきわめて薄い煙が立ち上るだけである。艦内に、いったい何事が起きたのだろうか？　内務科の兵隊が上がってきて、「副長、火災はすべて鎮火しました」と報告したばかりなのに。

補機分隊長が上がってきて、「副長、発電機室は暑くてとてもやり切れません。全員上に上げてはいけませんか」と許可を求めた。しかし、艦の現状がはっきりしない。いま発電機を止めたら艦内は真っ暗となり、すべての作業ができなくなる。「半数ずつ、交代にせよ」といいつける。

そのような艦内状況だったので、副長は万一の場合を考えて弾薬庫の注水を命じた。すると、今度は機関長が上がってきて、「副長、機械室は全員上に上がりました」という。副長は唖然とした。しかし、主機械が動かないのならば仕方あるまい。それにしても艦長の許可なく持ち場放棄とは――。

聞いた艦長は、「副長、総員を退去させよう。もうこれでは駄目だ」という。しかしまだ、副長には艦が沈むとはどうしても考えられなかった。暫時の猶予を乞うた。そして、掌内務長に消防ポンプの状況を確かめると、消防主管はすべて吹っ飛んでいて、どのポンプも動かないという。昇降機を覗いてみると、中はガランとし、どこから来るのか黒煙が増えているようだ。大部分の乗員は飛行甲板に上がっている。三、四隻の駆逐艦が、本艦の周りに集まってきた。

さすがの副長も、もはやこれまでと観じる。艦長に許可を求めると、飛行甲板上に大声で「総員退去」を発し、指令した（『空母「飛鷹」海戦記』志柿謙吉、『マリアナ自殺艦隊』横井俊之）。


激戦中の状況判断は困難⁉


だがじつは、このあたりの回想に、「飛鷹」艦長と副長のそれにはかなりのズレがあるのだ。合致しないところが多い。読み返してみよう。

最初の雷撃を右舷機室に受けたとき、元商船であった本艦の特性のため、左舷機も自動的に停止した、と副長は書いている。だが、そういうことはないのではないか。艦長は、その後は一軸で低速航行をつづけたと記しているが、これが普通だと筆者は思う。

そして、飛行機をもはや使えなくなった段階で、副長は艦長と今後の対策を協議中のこと

として、

「ブルブルッと艦が揺れたと思った瞬間、前後部の昇降機がものすごい音響とともに沖天高く飛び上がった。前部昇降機は煙突の高さ以上に、後部昇降機はそれよりずっと高く飛び上がると、ふたたび元の穴に落ちていった。このショックとともに、艦の傾斜は一瞬にして復原した」

と耳を疑うような状況を述べている。しかし、艦長記にはこのような事実記述はないのだ。乱戦、混戦のさなかでは、艦長、副長という一艦のトップとセコンドの間ですら、状況認識はかほどに難しく、あるいは記憶も長年月が経つと、このように変化してしまうものなのだろうか。

二度目の魚雷命中についても、艦長は、

「艦の後尾にドッ、ドッと二発の魚雷を喰った。一発は揮発油庫の直下、もう一発は発電機室に命中していた。揮発油庫の爆発とともに艦の後尾は赤い炎の下に呑まれてしまう。ただちに防火部署につけたが、発電機室がやられたため消防主管が作動しない」

と記す。だが、副長記では同庫の被雷、爆発については何も書かれていない。もしかすると、前記した〝昇降機飛び上がり〟の一件が、それだったのかも？

これについて、防研戦史『マリアナ沖海戦』では、「雷爆協同攻撃を受け魚雷一本命中、運転不能となり漂流中さらに敵潜の雷撃を受け一本命中、艦内大火災となり一九三二ついに沈没す。米側の記録によれば、潜水艦は攻撃していない。したがって誘爆により沈没したものと推定される」となっている。

だとすると、艦長の被雷認識も誤りだったのか、とも考えられる。戦記には時折こういう「ドッチが本当?」と頭をひねらせる記事が出現することがある。ともあれ、二万トンを超す大艦が一発か二発の魚雷で、意外ともろく沈んでしまった。元商船ということに由来する構造上の限界があったのであろうか。いかに応急防御に努力しても。

艦内火災となって手の施しようがなく、軍艦旗は厳粛に静かに降ろされた。艦は急速に、グラッと左舷へ傾いた。暗黒の空に、艦首を高く立ち上げたかと思うと、引き込まれるように艦尾の方へ消えていった。位置はサイパンの西方約七三〇浬であった。

「愛宕」に魚雷四本命中!

「マリアナ沖海戦」から五ヵ月がたった昭和一九年一〇月、「比島沖海戦」が戦われた。メイン部隊である第二艦隊は、その二二日、ブルネイ湾を出動してパラワン島西方を北上中、米潜水艦に取っつかれてしまった。二三日早朝である。不運といえば不運、油断といえば油断だが、旗艦「愛宕」はいきなり四本の魚雷を見舞われた。

新南群島の東、狭い海域である。付近海面には、十数隻の敵潜が配備、待敵していることは予測されていた。艦隊は強速力（一八ノット）で之字運動A法時刻法（図6のように、一定角度の変針を定時間ごとに繰り返す、一番単純な運動方法。ほかに複雑な角度変換をする之字運動も数種類あった）をつづけながら、進撃。しかしそれ以上、なんの対潜措置もとっていなかった。隊形、速力、之字運動の種類も変えない。燃料に増速するだけの余裕がなかったのだという。

二三日黎明、之字運動の変針時刻になったので、艦橋は取舵を号令した。少し艦首が回頭を始めたちょうどそのころ、見張りが突然「右〇〇度雷跡、近い」と叫んだ。すぐ「戻せ、面舵一杯！ 急げ」が下令されたが、左回頭が止まり右回頭に移るか移らないかのうち、一、二番砲塔の中間付近に爆音とともに大きな水柱が上がった。

〇六三〇だった。ただちに「訓練止め」が号令されると、ほぼ同時に船体がグラッと振動し、右舷艦橋横よりやや前方に水しぶきと火柱が噴き上がったのだ。やられたッ。潜水艦だ。魚雷は第一発と第二発の間が二秒くらい、第三発と第四発の魚雷は三〇秒くらいだったと思う、と戦闘記録掛の主計科員は語っている。

一撃のあとすぐ、荒木傳艦長から「防水」が下令された。が、つづいて艦橋直後の缶室付

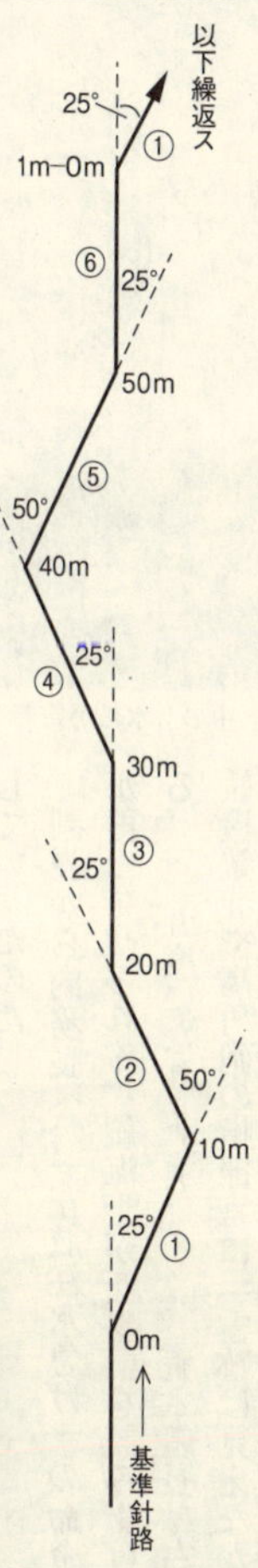

〈図6〉之字運動・A法

潜水艦による襲撃訓練中の「愛宕」。右奥に浮上航行中の潜水艦が見える

近にまたも大衝撃音があり、艦はしだいに傾斜していったのだ。

副長から内務長へ、「左舷注水急げ」の命令が再三発せられる。航海士が傾斜計を読み上げる。「一五度になりました～ッ」。荒木艦長は右舷機銃群や高角砲の指揮官に「雷跡は見えなかったか」と質問される。答えは誰もが〝見えず〟であった（戦後分かったところによると、敵潜水艦「ダーター」が、約八〇〇メートルの至近距離から射ったのだとされている）。

防水活動が運用分隊長の指揮で行なわれたが、艦橋への経過報告は芳しくない。「防水蓆《せき》、効きませ～ん」「破孔処理、困難ですっ」といったたぐいの悲痛な叫びであった（傾斜が急激に進むこんな戦闘のさなかに、防水蓆を使用する余裕があったのだろうか？）。内務長が艦橋に顔を見せ、艦長に「排水できません。左舷へ注水するしかありません」といった。艦長から「右排水」を令せられた模様であったが……。

魚雷四本の威力莫大!

一〇月二三日、その朝、起床と同時に「総員、配置につけ」のラッパが艦内に響き渡る。防御指揮官たる内務長も駆け足で艦橋にのぼり、戦闘部署についた。右舷側にドシン、ドシンと敵潜の雷撃を立てつづけに受けたのは、栗田健男長官をはじめ、司令部要員ならびに艦長以下、乗員が戦闘配置について間もなくであった。

命中箇所は右舷前部、中部、後部へとムラなく行きわたっており、雷数は四本。艦速は落ち、同時に右に傾きはじめた。最初八度くらいだったが、副長は弾火薬庫に注水を命じた。一八度、二〇度……しだいに傾斜を増していく。内務長は左舷の機械室、缶室の非常注水を命じようとした。艦長は「これでは動けなくなるな」といわれたが、栗田長官は内務長に「所信どおりに、やれ」とサジェストした。内務長は、左舷の機械室、缶室への非常注水を指示する。

堂免敬造機関長は伝声管で荒木艦長に「艦長! 機関部は心配するな。注排水によって艦体を復原する。勇を鼓して戦闘を継続されたい」と、あたかも叱咤するかのように強い声で激励してきた。荒木艦長は一週間前に「少将」に進級したばかり、堂免機関長も同じく「大佐」に進級したばかりだ。元気がよい。

堂免大佐は機関科操縦室にあって応急処置の指揮をとりつつ、反対舷の左舷後機室および第五、第七缶室にも非常注水を命じ船体の傾斜復原をはかった。

下方から舞い上がってきた黒煙が、艦橋へも左舷まわりに入りこんでくる。艦橋と運転指揮所間に設けられた直通電話で、堂免機関長が、「左舷の後部機械室に注水を始めた。機械室のことは心配いらない」との報告を内務長へ送ってきた。堂免大佐は、機関学校が内務長の五年も先輩であったが、そんなことの上下差は度外視して任務に忠実だったのであろう。後輩の指示にこころよく従う。艦橋の傾斜計は二四度を示していた。

一時止まったような気がした傾斜計が、また増しはじめる。さらに増えつづけてゆく。

「今、何度か?」と尋ねると、なんと五四度だという。被雷後約三〇分。もはや、横倒しに近い。浸水は二番砲塔の天蓋下、一メートルに達していた。

内務長は「艦長、これではとても、復原の見込みはありません」と申し上げる。荒木艦長はついに「総員、上へあがれ」「軍艦旗下ろせ」と命ぜられた。総員退去の令がかかったのだ。前方を見ると、前部砲塔は海水に浸かろうとしていた。艦橋にはもう誰もいない。

「愛宕」の応急活動はついに成功しなかった。後刻、『戦闘詳報ならびに戦訓所見』がもたらされているが、防御関係については、つぎに記すような見解、進言が述べられている。

○之字運動　当日〇二三〇ころ、敵潜の電波を感知し、其の触接を察知し得たるに拘《かか》わらず韜晦《とうかい》運動困難なりし状況に鑑み、之字運動は成し得る限り複雑なるものを選定し射点の占得を困難ならしむる如く考慮するの要あり。

○水中探信儀　巡洋艦以上に対しても水中探信儀装備の要あり。対潜作戦が重要なる懸案となり其の打開を主として水測能力の向上に期待せんとする趨勢に鑑み、大巡以上に於いても之が活用の機会は漸次増大すべく、現在の如く聴音器のみにては十分ならず。
○停電　第二撃直後、蒸気圧力急降し主機械停止、艦内電灯消滅、通信装置不通となる。
○注水　第二撃以後、口達伝令を以てせざれば各部の連絡不能となりしため、連絡ならびに弁開閉作業等意の如くならず。下令時より左第四注水開始までに約二分、第五、七缶室注水開始までに約四分、左舷後機注水開始までに約五分を要せり。
また、自然注水装置は強圧式に改造するを要す。自然注水装置は長時間を要し、今次の如き大被害に対しては殆ど無力なり。

などの、至極もっともにして貴重な教訓が残された。排水量一万トンの船体に四本もの潜水艦魚雷がつづけざまに命中したときの被害の大きさ、伝播の速さがうかがわれる。
太平洋戦争を通じ、艦船の水中被害ははなはだ多かった。しかしながら〝冷静沈着、事に当たって注排水応急装置を有効に活用し、戦闘能力を三〇分間にわたり維持継続した事例は、おそらく本件をもってはじめとするものであろう〟と「愛宕」乗員は自負しているのだ。他の艦船からも評価されている。沈没は〇七〇五ころと記録されている。

「高雄」――被雷二本で生還

かと思うと、僚艦「高雄」のような例もある。「愛宕」の被雷を見た艦橋は、敵潜の方向

重巡「高雄」艦橋内部の見張用双眼鏡

と距離を推定判断し、ただちに取舵一杯を下令した。

だが、左に回頭中の〇六三四、右舷後方から艦橋下に一本、ついで後部に二本目の魚雷が命中したのだ。

「高雄」では、艦長小野田捨次郎大佐と副長堀内豊秋大佐は艦橋にあり、航海長は旗甲板で天測をしていた。「愛宕」が被雷するとほとんど同時に、見張員が「高雄」の右舷前方に雷跡を発見する。とっさに堀内副長が「取舵一杯」を命じ、二本の魚雷をかわしたのだ。

このとき航海長が旗甲板から艦橋に駆けこみ、副長から舵を受け取ったが、「面舵にあて」で〝舵中央〟になったとき、三本目の魚雷が艦橋後方にある右舷の一番連管（連装された魚雷発射管）の真下に命中し、つづいて四本目が艦尾に命中した。艦は右舷に傾きながらゆっくりと孤を描き、やがて停止した。

最初の命中魚雷で第三缶室と第四缶室が破壊され、一五名の戦死者をだす。主機械の回転数が落ちた。艦尾に命中した魚雷は、舵取機室を破壊し、配置についていた全員が戦死する。このため航行が不能となってしまった。傾きは、はじめ右に約一〇度くらいまで進んだが、間もなく、左に注水した応急処置が効いて傾斜の進行が止まり、艦はしだいに復原する。

しかも不幸中の幸いといおうか、「高雄」の場合、魚雷が二発命中していても火災を発生しなかったため、弾火薬庫や魚雷の誘爆がなかった。したがって、機械が停止し、洋上を漂流しながらも、艦内で応急修理に全力を尽くすことができたのだ。

比島沖海戦時ブルネイ湾に集結した「高雄」型重巡

乗組員の懸命の努力により、やがて浸水は止まり、傾斜も復原した。缶室は三分の二が使用不能となったが、メイン・エンジンも内軸二本が健在であり、自力航行は可能であると判断された。第二艦隊司令部からも「ブルネイへ帰投すべし」という命令が届いていた。

ところが、雷撃のショックで真水タンクに亀裂が生じ、肝心の缶を焚くことができない。そこで、まず真水タンクの修理を行ない、海水を蒸留して真水をつくる。それからボイラーを焚くという、まことに原始的な段取りになってしまった。したがって、実際に艦が動き出したのは、一〇月二三日の午後九時であった。わずか三ノットの速力で。

それと今一つの問題は、舵取機が破壊されたため、舵が中央で固定したまま動かなくなったことである。こちらの方は応急舵を艦尾から海中に投げ込み、ワイヤーロープを両舷の高角砲甲板のデリックまで張って操舵することにした。

この作業をやった工作科の下士官蜷川一等工作兵曹の記憶によると、せっかくの応急舵がなかなかスムーズに作動しない。結局、機械室で左右の推進軸の回転数を変化させるという方法をとり、両者併用で転舵するしかなかった。そんなこんなで、目的地のブルネイに着くまでは、苦労クローの連続だったそうである（『軍艦高雄始末記』宮崎清文）。

それでも、「長波」「朝霜」の二隻の駆逐艦に左右を護られながら、一〇月二五日の午後四時、どうやらブルネイにたどり着くことができたのであった。

「摩耶」轟沈す

さてあのとき、第四戦隊で「愛宕」「高雄」にもまして壮絶といおうか愕然といおうか、アッという間に轟沈し姿を消したのが重巡「摩耶」であった。

ちょうど日の出の時刻、明るくなる直前の〇六五九、東の空の下に突然水柱が上がった。その数四本。やられたのは何艦か？　水煙が消えたときには、はや艦の姿はなかったという。まったくの轟沈。それが「摩耶」だったのである。

「愛宕」を離れた栗田第二艦隊司令長官は一時、旗艦を駆逐艦「岸波」に移す。そして部隊を立て直し、一八ノットの速力でジグザグ運動を再開、進撃することになった。

「愛宕」の被雷を見た「摩耶」では、航海長が艦の操縦を当直将校から引き継いだ。もちろん艦内は戦闘即応の総員配置となり、右側陣・三番艦の位置で、後方には「大和」「武蔵」

の超大戦艦がつづいていた。敵潜は今度はこちらを狙ってくるか？　ヤラレたら大変と、それこそ鵜の目、鷹の目で見張りをつづける。そんな六時五六分、水中聴音機室から緊急ブザーがけたたましく鳴り響き、「右前方に怪しい音源！」の報告が艦橋へ届いた。

大江覧治艦長はすかさず「面舵一杯！　両舷前進一杯！」を号令する。「摩耶」が右へ回頭すると思うまもなく、今度は「左四〇度、雷跡三本八〇〇、近い！」と見張員の絶叫が聞こえてきた。艦の操縦にあたっていた航海長の眼鏡も、ほとんど同時に、こちらへ向かってくる雷跡を捉えた。このまま進めば魚雷が左舷直角に命中する。そう判断した航海長は、咄嗟に「取舵一杯！　急げ！」を独断下令した。

「摩耶」に左回頭の惰力がついたと思う瞬間、四本の魚雷は錨鎖庫付近、一番砲塔横、第七缶室、後部機械室のいずれも左舷側につぎつぎ命中し、ずしんずしんと鈍い音をたてて爆発した。もし一番砲塔の火薬が誘爆でもしたら「摩耶」は木端微塵になる。幸いその様子はなかったが、急激に左に傾くと前部から沈みはじめた。副長永井卓三中佐は「もうこれまで」と見て、艦長許可のもと「総員退去」を下令した。

航海長は傍らの大江艦長のところへ近づき「一緒に退艦しましょう」と勧めた。が、艦長はまったく動こうともしない。ただ、不動の姿勢で頷《うなず》いただけであった。海水は艦橋のあたりまで迫り、赤い腹を見せた舷側には多くの乗員がすがりついていた。

航海長も退去の決心をして脚下の海中に入り、急いで艦を離れた。五〇メートルも離れたと思うころ振り返って「摩耶」を見ると、艦尾を持ち上げまさに全没せんとする最後の姿が目に入った。スクリュープロペラはまだ緩やかに回っていた（『回想録』井上団平）。第一発の魚雷が命中してから立てつづけに四本、沈没するまでにわずか八分だ。これでは応急も何もあったものではなかろう。『戦闘詳報』では、機関室の横隔壁の強度が不足していたため浸水が起き、左舷前部機械室が満水したと指摘している。

それにしても、なぜこんなにも多数の魚雷を受けてしまったのか。当時の艦隊速力が一八ノットと低かったことも、一因だとしている。二〇ノット以上にすべきであったと。また水中聴音機は、往々虚探知をしがちで信頼しがたい。至急、研究して改善すべきであるとも提言している。いずれにしろ、後の祭りではあったが。

しかし同型の「愛宕」もそうだったが、一万トン程度の大きさの巡洋艦が〝四本〟もの魚雷を喰ったら、しょせん、どうしようもないのではなかろうか。「高雄」は〝二本〟だったから、かろうじて生還できたように思えるが……。

「武蔵」の注排水部

第一遊撃部隊は、栗田中将の第二艦隊司令部を「岸波」から「大和」に移し、隊形を立て直すと、一〇月二四日朝、シブヤン海に入った。

ところが今度は、待ち構えていた敵航空部隊の手荒い出迎えを受けたのである。その攻撃は総計二五〇機の、六回（五回に分けた記録もある）にわたる猛烈なアタックであった。戦艦「大和」「武蔵」「長門」、重巡「妙高」「羽黒」たちが雷爆撃を受けたが、なかんずく目の

昭和19年10月24日、シブヤン海で待ち構えていた米空母機のはげしい雷爆撃にさらされる戦艦「武蔵」

敵《かたき》のように叩かれたのが、春までGF旗艦だった「武蔵」である。同じスーパー戦艦でありながら、この日の戦いでは「大和」はさほど傷めつけられなかった。

第一遊撃部隊はレイテ湾に突入して、連合軍の上陸船団を殲滅する、重大な任務を抱えて目下進撃中である。なので、今は来襲敵機などにかまっていられない。極力そんな矛先はフネを操って回避だ、と「大和」艦長の森下信衛大佐は考えた（と思う）。森下は水雷出身で若い時分から小艦艇に乗り、操艦に巧みであったから。

一方、「武蔵」の猪口敏平艦長は部内では著名な砲術の大家だ。射撃に自信を持っている。高角砲、機銃の高射兵器だけでなく主砲も併用し、全力をあげて敵機を撃ち払おうと決心した（のではなかろうか）。それには艦をできるだけ直進させるに如《し》かず、と思考したであろう。

午前一〇時、「武蔵」のレーダーははるか東方の空に多数の機影を捉える。最初の空襲は一〇二六に始まった。九門の主砲が一斉に火を噴く。いくばくもなく敵機接近。近距離射撃には向かない主砲が射撃を止めると、つぎは副砲、高角砲、機銃の出番だ。

爆弾が一発。主砲砲塔天蓋に当たったが爆発せず、跳ね返って海上に飛び去った。そのころ、右舷中央後部付近でドーンという音がし、艦が左右に揺れるのが身体に感じられた。主砲の発射か魚雷の命中か、判断に迷う程度の揺れであった。

しばらくすると艦が右に徐々に傾きはじめたので、魚雷であると判断できた。一本、右舷中央後部に命中。第七、第一一缶室の壁から浸水が発生した。左舷防水区画への注水が行なわれる。五度くらいの傾斜は〝お茶の子〟さいさい、ただちに復原した。これには乗員の誰しもが、迅速な復原能力にあらためて自信を持った。

「武蔵」の注排水装置は素晴らしく良くできていた。そして、スバらしく見事に訓練され、一令のもと瞬時にあらゆる処置のとれる、優秀な乗員を擁していた、その成果である。約五〇名の注排水部員はおもに補機分隊員だったが、戦闘配置なので工作分隊の一部人員も組み入れられた。内務科設立で艦内編制に大きな変動のあった直後であったが、すべてがスムーズに運んだ。

「武蔵」注排水部は指揮所の下に前部、中部、後部の三つの管制所とポンプ室を持っていた。そして、アーマーの中の指揮所、中部管制所での配置員はいながらにして、被雷、浸水した箇所とつながれている細いパイプからの空気の噴出で、浸水を検知できるのだ。すなわち空気圧の変化で、異常を感知する仕組みであった。

また、傾斜度によっても浸水量（浮力の減少）をすぐ計算できる図表が調整、完備されていた。即、どのへんに浸水したかが分かる。これらの装置により、被害を受けたら油圧を使い、ハンドルの操作一つで所要注排水区画の弁を開いて注水したり、圧縮空気を使って浸・注水した箇所の排水を行なうことが可能だったのだ（このへんのことは、第二章の「『注排水指揮装置制式』」の項を参照していただきたい）。

被害の生じ方も多種多様だ。どんなダメージに対しても、もっとも効率的に処置できるいろいろな注排水方式の組み合わせが研究用意されていた。それに基づいてたちどころにダメ・コンを施し得る、設備と訓練、両面の備えを整えていたのである。

図表とか傾斜トリム計は、本来艦に設備してあったもののほかに、「武蔵」の指揮所内だけで使用可能なトリム計とか、波浪による傾斜値をキャンセルして静水時に対する正しい傾斜を計測できるものなど、独自に工夫を凝らして設計し、艦内で作製した計器を備えていた。これらは〝工作屋〟〝補機屋〟ならではの作品で、図表類も研究を重ね、完璧の自信を持っていた。

指揮所と中部管制所は絶対といってよいアーマーのなかにあった。したがって大部分の装置は、船体に相当大きい被害を受けた場合でも作動できたが、前部管制所と後部管制所、ポンプ室はアーマーの外にあったのでダメだった。

注排水指揮所は大きな机の上に船体図と各種の図表をならべ、ソファに腰掛けて指揮をとるわけである。完璧？　といってよい装甲の下で、冷房をかけながらでの戦闘だ。こんな「優雅な指揮所」で戦ったのは、おそらく「武蔵」「大和」の注排水指揮官だけではなかったろうかといわれている（『嗚呼戦艦武蔵』・注排水部の記録）。

なお、注排水部指揮官の上司である防御指揮官・内務長の定位、配置は第二防御指揮所で、右舷中央後部付近アーマー（三七センチ防御甲鈑）の下に位置する。内務士がその補佐官、補佐官といっても伝令のような役であったが。

「武蔵」強し！

話を戻すが、じつは最初の空襲のさい、魚雷爆発の震動で主檣トップにある主砲前部方位盤が故障し、四六センチ砲の一斉射撃は不可能になっていた。肝心なこの期に及んで、なんたることぞ。

そして第二回目以降、敵機群は輪型陣の外側に位置した「武蔵」に攻撃を集中してきた。それも左舷側を狙っての攻撃が多かった。この二回目に発射してきた魚雷は計六本。三本はかわせたが、左舷前部に三本命中。敵の魚雷は深度調整が悪かったか、あるいは発射距離が近すぎたのか、艦底をくぐり抜けたのが何本もあったのだ。

大轟音とともに水柱が盛り上がり、たちまち第二水圧機室に浸水、左舷に五度傾斜した。注排水操作により復原に努め、左傾斜一度くらいまでに戻った。注排水員たちの静かなる活躍！　しかし、浸水によって、艦首が常態より二メートルくらい沈下、速力も二二ノットに落ちる。

急降下爆撃機の爆弾が二個左舷に命中、一弾は前部兵員室で炸裂した。他の一弾は第四番高角砲前部に命中、中甲板で炸裂すると多数の戦死者を出した。この被爆によって第二機械室に火焔が侵入し、メイン・エンジンの左舷内軸が使用不能になってしまう。これも思わざる痛手だ。

午前の戦いが終わり、午後になっての〇時三〇分、「右水平線、飛行機群」の見張り報告が入ってきた。主砲が思いおもいに火を吐く。独立発射だ。敵機は艦隊の上空に迫ってくる。

空襲はつぎからつぎへとつづく。第四次では魚雷は左舷に一本、右舷に三本命中。至近弾の水柱が林立して艦を覆う。またも直撃爆弾が前部に命中する。艦首は沈下したが、速力はわずかに衰えただけで、回避運動をつづけながら輪型陣の一画を占め、バシッと進んでいた。

それまでの戦いのあとを振り返ってみると、前記したように敵機の多くが「武蔵」を目がけ、多数の魚雷が命中した。合計すると左舷四本、右舷五本と記録されている。

爆撃では機銃員関係の被害が多い。露天で直接、爆弾の炸裂、機銃弾の弾幕に曝されるの故だ。残念だがやむを得ない仕儀であった。しかし、艦体そのものには致命的な被害にはならない。

それにしても、注排水指揮所真上のアーマー外側の主計科事務室に落ちた爆弾は、とくに大型だったらしい。頭上二〜三メートルのところで爆発したのだから、振動と炸裂音はものすごかった。指揮所内にもかすかながら、煙が入ってきた。壁面に固定してあった電話器本体の取り付けがとれ、ブラブラぶら下がった。それでも、電灯は消えなかった。「武蔵」不沈!?

だが、注排水指揮所の計器類は、明らかに芳しくない艦の状態を示現する。第二次空襲前には一メートルの前トリム（艦首が、艦尾より一メートル吃水が深くなったこと）だったのが、一三〇〇ころにはすでに四メートルにもなっていた。

注排水部の前部管制所は、早いうちから浸水を始めていた。ために注排水機能がまったく用をなさなくなってしまい、全員指揮所に引き上げてくる。残念だったがやむを得なかった。といってもまだ絶望状態ではなかった。

四号ポンプ室からも「退去許可」の要請が電話で来たが、ポンプがまだ使える状態にあるとのことなので「もう少し頑張れ」と命令したその直後、雷撃を受けてしまった。後刻、総員が後甲板に集合したとき、さっそく指揮官みずから、四号ポンプ室にとんでいったが、入口まで水が一杯で万事終わっていたという。

しかし、空襲はさらにつづく。一四四五ころからの第六次雷爆撃、これが最後になったのだが、このとき受けた損傷は致命的だった。

「武蔵」不沈艦たり得ず

「武蔵」が第六次空襲で受けた魚雷は左舷に九本、右舷二本、計一一本という超多数だったのだ。加えて、爆弾（二五〇キロ程度）が一〇個である。最初から合計すると、それぞれ二〇本と一七個になる。さらに至近弾が二〇発に近かったとか。

この空襲で傾斜は左へ一〇度となったが、注排水装置の作動で四度戻し、傾斜は左へ六度になった。だが、トリムは大きく増加し、それまでの前トリム四メートルは一挙に八メートルになる。前部はドップリと沈み、左舷最上甲板の一部が水面すれすれになった。そして傾斜がふたたび進む。左へまたも一〇度。頭は突っ込んでいるし、主機械は二軸運転になっているので速力は六ノットに落ちた。

魚雷20本、爆弾17個を受け、大量の浸水で艦首を沈下させながらシブヤン海を航行する沈没直前の「武蔵」

注排水指揮所のなかでも、艦の傾斜、トリムなどから被害状況の悪化は十分見当がついた。計画された注排水区画は、全部使ってしまっている。とすれば、機械室等に非常注水するよりほかに手段はない。指揮所指揮官はそう考えると、直接、艦長と防御総指揮官たる副長の指揮を仰ぐべく、艦橋へ上がった。

もう敵襲も終わったあとだった。艦橋から見たかぎりでは、これ以上の浸水を喰い止め、かつ後部右舷の第三機械室に非常注水すれば、なんとか沈没だけは免れられるかもしれないと思い、艦長にそう進言した。

注排水指揮官の非常注水命令が機関科指揮所に伝えられた。だが、注水が実施できたかどうかは定かではなかった。それよりも傾斜、トリム判断の目安としていた艦首付近の沈下が全然止まらない。ついに水面が前甲板上の一部を洗いはじめた。浸水がドンドン進行している証しだ。副長は今はこれまでと覚悟したようだ。

五度くらいまでの傾斜ならなんとか歩行できるが、一〇度を超えてくると滑って歩くことが難しい。手すりや突起物につかまって、やっとだそうである。防水区画の注排水、右舷後方居住区への注水、デッドウエイトの右舷への移動など、可能なかぎりの努力を尽くし傾斜は五〜六度まで復旧、かろうじてその姿勢を維持していた。

猪口艦長負傷の報を受けて、副長は総指揮を引き継いでいた。が、やがて猪口艦長が頭と肩を包帯で巻いて第二艦橋に来られたので総指揮は戻される。しかし、総員懸命の復原作業にもかかわらず、ふたたび左舷前方への傾斜が徐々に進みだし、手の打ちようがない。一七〇五、所属する第一戦隊の宇垣纒司令官から「全力を挙げて付近の島嶼に座礁し陸上砲台たらしめよ」という信号を受ける。さらに一八時五〇分ごろ、機関がとうとう停止してしまった。「総員、上甲板」の指示が流された。

艦の傾斜は左へ一二度になっていた。

第三番主砲塔の上に昇った副長は後部に集合した総員に下知する。「本艦は長い歳月をかけて、貴重な資材を注ぎ込んで建造された〝不沈艦〟である。注排水を行なうと同時に、艦の傾斜を防ぐために左舷から右舷へ重量物をことごとく移動する。全力を尽くして重量物移動に努力せよ」と命じた。しかし、効果はもはや現われなかった。

日没が近づいた。「武蔵」の沈没は必至と思われた。艦長は副長に「最悪の場合の処置として、御写真（陛下の）を奉還すること、軍艦旗を降ろすこと、乗員を退去させること」と、命じた。

御真影と御勅諭を甲板士官が奉持し、外舷艇で艦を離れる準備に入った。あくまでも、「武蔵」は「大日本帝国海軍」の「軍艦」なのである。人間より、この種の作業が優先された。乗員は各分隊ごとに人員点呼をとり、指定のデッキに整列して、つぎの指令を待つ。左舷への傾斜はすでに三〇度を超えているように思えた。副長は「退艦用意、自由行動をとれ」と下令する。

艦の傾斜は急に早まり、艦首を下にして徐々に艦尾を持ち上げはじめた。乗員の移動はつづく。だが、その傾斜から最後の転覆は、アッという間に起こった。多くの乗員が左舷に転がっていった。御写真と軍艦旗を載せた短艇も、艦の横転に巻き込まれてしまった。

「武蔵」を呑み込んだ海面に、巨大な渦と激しい波が沸き起こった。突然、海中で大爆発が起こったのだ。一度か二度か、今となっては判然としない。火薬庫なのか缶室なのかどこの爆発かも分からないが、シブヤン海のおよそ八〇〇メートルの海底へ、一〇三九名の乗員の魂と一緒に沈んだ。その数は、全乗員のおよそ半数に近い。

それにしても、「武蔵」を殺した魚雷と爆弾の数はあまりにもベラボーに過ぎた。

「大和」応急員優秀

ところで、「愛宕」沈没によりあわただしく第二艦隊の旗頭になった、「大和」の状況やい

はげしい雷爆撃をかわしながらも、ついに前部に爆弾が命中した「大和」

かに。

「大和」への第二波攻撃は一二〇七に始まり、その数約三〇機。こんどは雷撃機が多く、白いウェーキが左右の斜め前から迫ってきた。回避運動を行ないながら、高角砲、機銃で反撃を加える。至近弾による水柱が高く上がり、滝のように艦橋に崩れ落ちる。だが、「大和」に被害なし。一三三〇、第三次空襲。敵は傷ついた「武蔵」を執拗に狙っている。「武蔵」「妙高」が落伍しはじめた。

そして第四次対空戦闘、一四二六ころ開始。戦、雷、爆、約二五〇機の超多数が来襲し、「大和」も目標にされた。傷ついたのは、この折である。襲いかかってきた八機の編隊は距離二〇キロ付近で二手に分かれると、一隊が「大和」に急降下してきたのだ。投下した二発の一発が前甲板左舷側に命中する。一四三〇ころだった。

爆弾は甲板を上からつぎつぎに貫いて水線下に炸裂する。最上甲板に径四〇センチ、上甲板に径五〇センチ、中甲板にはさらに拡がって径一メートルの大穴をあけた。そして、左舷水線下の外舷に長さ一～二メートル、幅二～四メートルの破口をつくり、付近の構造物を壊したのだ。

このため前部の各区画に浸水し、前の被害とあわせて推定約三〇〇〇トンの浸水を生じた。たかが急降下の爆弾一発、とバカにしてはならない。左右傾斜は左へ五・三度傾き、艦首は吃水線マーク三メートルの位置まで沈んでしまう。しかしこれらの左右、前後傾斜はただちに注排水によって復原され、傾斜は左に一・三度、艦首の沈下量は約八〇センチとなった。「大和」のダメ・コン配置員優秀（防研戦史『海軍捷号作戦〈２〉』）。

「長門」防御戦を戦う

一方、かつて連合艦隊旗艦を何度も務めた「長門」でも、一〇二七に距離約一万五〇〇〇で対空射撃を開始している。敵機いよいよ接近。一〇二九、右艦首方向から急降下爆撃を受け、二発が至近弾となった。その直後、こんどは左艦首方向から八機の雷撃を受けたが、これもすべて回避できた。

つづく第二波攻撃も「長門」は無事通過する。戦いは約八分で終わったのだが、米軍機はことごとくといってよいほどに、矛先を「武蔵」に向けたからのようである。第三波攻撃でも同じくだった。「武蔵」は〝被害担任艦〟になってしまった、といったら言いすぎであろうか。

　一四三〇すぎ、第四次攻撃開始。「長門」の右後方にあった、急降下爆撃機を主とする敵機群は大きく東へ迂回したのち、八機がダイブを仕掛けてきた。が、みんな外れる。敵の爆撃術が下手クソなのか、「長門」の操艦術が長《た》けていたからか？　間をおかず、五一度方向約二万二〇〇〇に一六機の編隊を発見する。しかしこの敵機群は、いったんは攻撃の態勢を見せたものの、なぜか何もせず反転して遠ざかっていった。幸運！

　だが、そこでツキは離れた。第五次空襲においての一五二〇、二五機の急降下爆撃を受けた。そのうちの二発が直撃弾となり、三発が至近弾になったのだ。直撃の一発は第一缶室の左舷給気口に命中、爆発し、風路を破壊した。かつ弾片が送風機に当たり、一時そこのボイラーをアウトにしてしまう。最大速力は二一ノットにまで落ちてしまった。それだけでなく、副砲の第四砲郭、第二、第五兵員室を大破した。

　この爆発では、砲郭内に積まれていた砲弾、装薬に引火したのだが、内務科以外の予備応急員二〇名が急派され、幸い小火災で抑え込むことができたのであった。しかし、現場にいた砲員の遺体はどれも粉々に飛び散り、酸鼻をきわめたという。そのため、左舷側の第二、第四、第六、第一〇番副砲が使用できなくなった。

　もう一発の直撃弾は兵員烹炊室の天窓を貫通して、通信指揮室の後部で炸裂した。そのために、同指揮室はもちろん、前部電信室、暗号室が大破し、電信員一四名が戦死してしまう。

だが一時、二一ノットまで低下した速力は、機関科の奮戦で応急処置の結果、三〇分後には四個すべてのエンジンが運転可能となり、一三ノットを出せる状態に回復した（同前）。

『軍艦長門戦闘詳報』

後日、『軍艦長門戦闘詳報』が提出されるのだが、とりわけ〈艦内防御に関する事項〉が長文である。

「本艦における防御に関する戦訓の多くは従来の戦訓の重要性を再確認せるものにして主たるもの左のごとし」

と前置きし、八頁ほどもの多量を費やして報告している。実文は文語体でかなり読みにくいので、その要部を極力口語体に近づけ簡約してみた。

可燃物の処理、防火用水の準備、断片除けの装着等は防御準備上、不可欠の事項だ。真剣な研究と実行を必要とする。今回の被害では通信指揮室、砲郭そのほかで火災の惹起を免れたのは、徹底的な可燃物処理の実施と防火用水の準備とに負うところ大である。これに反し、前部において至近弾弾片が准士官・特務士官寝室に突入し、ボヤを生起した箇所があったのは、私室に少量の可燃物を置いたのが起因である。

また、戦闘配置員の多い箇所の被害であるにかかわらず、戦死傷者が比較的少なかった例のあるのは、釣床および索具「マントレット」の効果が大きいことを如実に確認させられる事実だ。

爆弾炸裂に対し、人員の被害を少なくするためには戦闘服装を厳密にし、なし得るかぎり低い姿勢を保持する必要がある。

消防主管の中間弁で、海水遮断の不十分なものがある。整備の必要あり。また、消防主管破損の場合の対応器材として、盲板等を準備しておく必要あり。

被害現場の電気的応急処置のため、応急器材としてゴム手袋を用意しておく要あり。全身ズブ濡れになった応急員が、切断電線の処置や、漏電部の応急処置を行なって、軽度の感電を受けた者がある。また、応急員各自に応急灯、懐中電灯を携帯させる必要がある。被害により電灯の消滅した箇所の応急処置、あるいは艦底等の探知にその不足を痛感した。応急員各個の応急灯携帯はゼッタイ必要である。

木栓の準備は多量に、かつ大小、長短、各種準備の要あり。至近弾による舷側その他重要箇所の破孔は予想以上に多く、約九〇〇個に及んだ。また木栓に巻く毛布片や防水脂等も多量準備の必要がある。

被害復旧のための鉄材は、相当量準備しておかなければならない。電気溶接機等の重要工具、機器は二、三ヵ所に分散装備の要あり。今回溶接機破損せるも、探照灯電源を利用して溶接に使用し得るごとく装備してあったため、爾後の応急工作におおいに役立った。

「応急見張哨」は絶対に必要である。猛烈な防御砲火の激動、騒音のため、艦内に配置された応急員は爆弾命中を確認し得ないことが多い。とくに至近弾の被害等は然りである。本艦においては優秀な見張哨が命中弾、至近弾等の弾着とその場所を、有効適切に防御指揮所に報告してきた。防御指揮官はこれを受け持ち区の応急班に通知し、これを探知、確認させ、機を失することなく処置を講ずることができ、見張哨の有効なことを体験した。

また連続被害により応急員の死傷、広範囲の探知、ならびにこれの処置上応急員の員数は、少なくとも一五、六名を必要とすることを、今回の戦闘で痛切に体験した。なお、各班ごとに指揮官として准士官以上を配するの要あり。

要約、以上のような内容であった。

「長門」応急部が実戦結果から割り出した戦訓だが、このような事案は、これまでの三年近い戦闘の戦訓として、他の艦船部隊から関係する上部に上がっていなかったのだろうか。上がっていても細かい地味なこととして、下部には浸透しなかったのかもしれない。それはわれわれ日本人の通性として、十分あり得ることなのであった。

ただ幸か不幸か、「長門」の今戦闘からは、当然のことに注排水戦の教訓は得られていない。

「最上」艦橋全滅——砲術長指揮

ところで捷一号作戦の比島沖海戦には、第一遊撃部隊の戦闘を表作戦とすれば、裏番組として第二遊撃部隊のレイテ湾突入戦があった。この戦闘も周知のように成功しなかったのだが、なかの一艦、第二戦隊重巡「最上」はとりわけ苦戦、苦難の道を歩かされている。

昭和一九年一〇月二五日、壊滅的被害を受けて退却中の「最上」は、別動北上してきた重巡「那智」にスリガオ海峡南口で衝突されてしまう。〇四一五ころであった。

艦橋に被弾して首脳部を失い、炎上しながらもわずかな速力を保ち、南下避退していた「最上」の右舷側一番砲塔付近に、回頭していた「那智」が、約二〇度の交角で突っ込んでしまったのだ。「那智」は反航態勢から魚雷発射のため右転したので、右回頭の惰性がまだ残っていた。そのため、「最上」は外舷が少し屈曲した程度で事は済んだ。

だが、それに先だつレイテ湾入口の戦闘で、〇四〇二、「最上」は艦橋に命中した敵弾により藤間良艦長、橋本卯六副長ほか艦の重要幹部が全滅していた。中野信行航海長も山本明水雷長も、大久保武男通信長もみんなヤラレてしまったのだ。人的被害まことに甚大。

以後は射撃指揮所で砲戦指揮中だった砲術長の荒井義一郎少佐が艦橋に降り、艦の指揮をとっていた。間もなく中部の火災が後部に拡大し、三、四番砲塔付近にまで火が回った。機銃弾薬包、高角砲弾薬包がバンバン誘爆を起こす。応急員も応援の兵員も懸命の努力を傾けたが、消火作業はまことに困難をきわめる。

艦底の機関部では、第一、第三機械室は全員戦死。第二機械室は高温のため在室が不可能になってしまう。四五度以上になったのだ。機関科の被害ではこういう事例が多い。やむを得ず機関長が下令し、主機械を回しっぱなしにして人員は退避する。操縦可能なのは左舷第四機械室の一軸のみになった。

ボイラーはすべて健全であったが、蒸気管の損傷のためスチームは、第二機械室の一軸を

マリアナ沖海戦を前にサンベルナルジノ海峡を通過する重巡「最上」

動かすだけのものしか得られない。しかし、いま記したようにそこは無人なのだ。

魚雷はさきほどの戦闘で四本を発射し、一二本が残されていた。この期に及んでは誘爆を避けるため、全魚雷を処分する必要がある。その投棄を試みたが、五本を射出できただけであった。残った七本のうち五本がついに誘爆した。が、幸い爆発後、火勢は下火となり消火作業は急速に進捗する。〇五〇〇ころようやく操舵装置の故障が復旧し、艦橋での操舵が可能となった。

だが、それから二〇分ばかりたったとき、突如、北方から大、中口径砲の射撃を受けたのである。「最上」はただちに避弾運動を行ない、回避したが数発が命中する。艦橋の直前にも一弾。真っ黒い重油の煙を吹き上げ、もうもうと燃え上がった。火災復活だ⁉「弾火薬庫に火が入りますッ！」と、艦橋へ急報が来る。「弾火薬庫注水ッ」――砲術長は命令する。「弁故障、注水できません」「消防ポンプを使え！」「消防ポンプ見当たりません。注水できません！」、そんなテンヤワンヤのやり取りがつづいた。しかし射撃は五分ほどで終わったため、「最上」は辛くも危機を脱け出せる（防研戦史『海軍捷号作戦〈2〉』）。

防御戦に強かった「最上」

そうして、〇五五〇ころ、ようやくスリガオ海峡南口まで到達した。このころから黎明となりはじめた。〇七〇〇、接近してきた「那智」の志摩第五艦隊長官から、「『カガヤン』または『コロン』に回航、応急修理をなせ」との指示が入り、護衛艦として第七駆逐隊司令駆逐艦の「曙」が派遣されてきた。

以後、「最上」はコロンに向かって西進する。しかし虎口を逃れ得たと思ったのも二時間たらず。こんどは飛行機の追撃に深手の身をさらすことになった。第一波は〇七二七、来襲、爆弾を投下されたが命中せず。だが〇八三〇、頼みとする主機械がついに回転を停止し、漂泊状態になってしまった。中部の火災は消火の施しようもなくなっている。機械室は高温かつ煙が充満しているので、応急工作員が修理したくも中へ入ることができないのだ。

〇九〇二、ふたたび敵艦爆一七機の来襲を受ける。推進力を失った「最上」は、もう回避の仕様もなかった。投下された爆弾の一発は、艦尾付近に命中する。他の一発は一番砲塔の右側に命中、火は重油タンクに侵入して前部に大火災を起こした。こいつはマズイ。機銃員以外、乗員総がかりで防火に努めたが効果なく、弾火薬庫に引火の危険を生じた。

やむを得ない。一〇四七、ついに一、二、三番弾火薬庫に注水の命令が発せられた。だが、一番弾薬庫は注水弁破損のため注水できなかった。そこで手押しの手動ポンプを使用したが、これでは江戸の町火消し同然。消火は思うように進まない。

もはやこれまで、と観念した先任将校・荒井砲術長は、総員退去を決意した。しかし、退艦するにも健全な短艇は一隻だけ、しかも、ダビットが故障していて海面に降ろすことができない。この状況を見た第七駆逐隊司令は「曙」に「最上」への横付けを命じ、乗員の移乗、救出を開始した。「最上」は火炎に包まれてはいたが、たやすくは沈没しそうにない。第七駆逐隊司令は一二二七、連合艦隊司令長官と、現地の最高指揮官志摩長官に対してその処分方を進言した。

一二三〇、「曙」は「最上」に向け魚雷一本を発射する。魚雷は左舷中部に命中し、「最上」は徐々に沈下を始めた。前甲板が水面に達したころ、前部に爆発が起こり、同時に左舷に転覆して海中に沈んでいった。ちょうど一三〇七、正確な地点は不明であるが、パナオン島（レイテ島の南方）の南東約三八浬付近であったようだ。

「最上」は新鋭艦なので防御能力が優れていたのか、あるいは「曙」の九三魚雷は〝短魚雷〟で実用頭部が短く、炸薬量がふつうの九三式の三分の二くらいのため、威力が少々小さかったのか、との回想もある。ともあれミッドウェー海戦のさい、「三隈」と衝突しながらも生きて還った猛者「最上」は、最後の最後までシブトかった。人もフネも。

「瑞鶴」——防御に殊死奮戦

一方、全作戦の牽制役たる空母部隊の第三艦隊は、一〇月二五日、予期したとおりに敵機の空襲を受け、果敢に迎え撃った。小沢治三郎司令長官の旗艦空母「瑞鶴」は率先奮闘する。〇八二一から〇八五九までの第一回戦では、約四〇分間に急降下爆撃機四〇機、雷撃機一〇機の襲撃を被った。マリアナ沖海戦では武運強く爆弾一発の被害で戦いを切り抜けたが、今度はそんなことではとても済むまい。済むはずがない。

対空防御砲火陣はあらかじめ一段と強化されていた。一二・七センチ高角砲八基（一六門）、二五ミリ三連装機銃二〇基（六〇門）、同単装三六基が備えられた。機銃が大幅な増加である。そして噴進砲という新顔を登場させた。直径一二センチ、弾丸自らが内蔵する火薬の燃焼により推進するいわゆるロケット砲で、対空散開弾として今度の作戦に初めて空母に使用されたのだ。

「瑞鶴」には右舷前部と後部左舷に各四基（一基二八発装塡）が装備された。信管秒時を八秒とした場合、炸裂距離は一五〇〇メートル、有効帯約五〇メートルだったといわれている。発射時に熱炎を吹く。したがって砲員はその噴射炎から身を護るため、飛行服の上に消防服を着用して砲を操作するのだが、発射の都度、待機所に退避する面倒があった。しかし威力と効果はあったようだ。

この噴進砲も降下してくる敵機に向けて火を吹いたが、〇八三五、爆弾（二五〇キロ）一発が左舷発着甲板に直撃し、同甲板を貫通すると第八缶室給気路で炸裂、近くの中、下甲板を大破した。これとほとんど同時に、もう二発の爆弾（六〇キロ）が同じく左舷発着甲板に命中。間をおかず〇八三七、左舷後部に魚雷が命中する。

見張員が左舷正横に雷跡一本を認めたのだが、じつは水測室でも魚雷音をほとんど同時にキャッチ、報告していた。

これまでわが空母も、敵潜水艦にはだいぶ苦い水を飲まされている。マリアナ沖海戦での「大鳳」「飛鷹」の被沈がその最たるものだ。これに懲《こ》り、以後、水測室の強化に力が入れられていた。ハイドロフォンがこれまでの九三式から最新の零式水中聴音機に替えられる。捕音器は今まで艦首に一群だけだったのを、その後方、艦橋下部付近にもう一群・三〇個を新たに設置したのだ。

そして、従来、水測班は〝雑分隊〟（ヒドイ蔑称である）ともいわれる運用分隊に所属していたのを、航海分隊に移す。また下士官兵のみのグループだったのを、これを期に准士官の掌水雷長を置いた。物も人もすべて格上げしたのである。ともかく対潜防御の水測班が、航空魚雷の音跡を捉えたのはお手柄といえよう。改善の効果あり。

被雷するや左舷推進軸室に浸水し、第四発電機室は瞬時にして満水。艦は左に九・五度傾斜し、後部が四三センチ沈下して速力が落ちた。しかし、注排水部は勇奮する。〇八四五には、応急注水処置により傾斜は左六度まで復原された。

だが、左舷側缶室で健全なのは第二、第四缶室だけとなった。被雷はつづき、左舷後部機械室には重油と海水がドッと流れ込んできて、水面が床板の上五〇センチにもなり、在室不能となったので室員は総員退去した。

しかも、残る左舷前部機械室も蒸気通風機が故障し、室内温度は約六〇度にハネ上がってしまう。これはたまらない。配置員は熱射病（今風にいえば、熱中症か）でバタバタ倒れ、ここも在室不能となった。こうして艦の運転は右舷のボイラー、エンジンに頼るしかなく、出し得る最大速力は二三ノットに低下したのである。

苦汁の『軍艦瑞鶴戦闘詳報』

「瑞鶴」は第一次空襲で、早くも運動力にダメージを受けたが、まだ航海に致命的な支障を生じるまでには至らなかった。しかし、一発の魚雷が「瑞鶴」から送信能力を奪う。旗艦としての通信に重大な支障を来すに至った。奔入する海水のため、たちどころに送信機室は第二、第一ともアウトになり、空中線が右舷後部付近への至近弾のため全部切断落下した。こうして「瑞鶴」は〇八四八、はやくも正規の送信機による送信はまったく不能となったので、「大淀」が旗艦通信の代行を命じられる。

戦いは午後に入った。一三〇五、艦爆七〇機、艦攻八～一一機が「瑞鶴」上空に殺到した。近接するや、巧みに異方向、異高度からの同時雷爆撃を開始する。第三次攻撃だ。この回、最初の被害は一三一五、左舷前部への魚雷命中であった。つづいて右舷前部、右舷第三缶室、左舷第二、第四缶室外側付近、前部機械室左舷および主舵機室左舷と、つぎつぎに計七本の魚雷命中を受けた。

被雷するやたちまち速力が落ちた。艦の左傾斜は急激に増し、今までの六度から一挙に一四度に強まった。そして、一三二三には左二〇度に達する。飛行甲板後部への二五〇キロ直撃弾一発は左舷後部の短艇甲板を、また他の三発は後部中甲板をそれぞれ貫通して下甲板で炸裂し、大火災を発生させた。ほかに至近弾多数あり。

総員退去を前に傾斜した飛行甲板で軍艦旗を降ろす「瑞鶴」

被雷による浸水は急速だった。ために、内務科は浸水箇所の探知はもとより、下甲板での防水も不可能になってしまう。そこで、中甲板での浸水喰い止めを図ったが、モーターやポンプなど補機動力が停止していて適切な処置ができない。

この間に後部の火勢は強まる一方であった。火災現場付近の消防支管はもちろん、消防主管も破壊されて水が出ない。仕方なく、手提げの消火器で消火に努めたが効果はなかった。艦は大きく傾き作業は困難であったが、万難を排して前部区画から数本の蛇管を引っぱってきて、最後まで消火に努めた。

艦内で被害復旧に懸命の努力を払う一方、間断なく来襲する敵機に対して対空砲火は応戦しつづける。しかし、艦の傾斜が増すにしたがい射撃はいちじるしく困難になり、高角砲も機銃も被害が増大していった。

一三二五、ようやく米軍機は引き上げていったが、このころには艦内の浸水も火災もともに、もはや処置の施しようがないほどになっていた。一三二七、傾斜は二一度になる。はや〝これまで〟と観じた貝塚武男艦長は、「総員発着甲板に上がれ」を下令した。傾斜はさらに進み、一三五八には二三度に達する。軍艦旗が降ろされ、次いで総員退去が開始された。三時間も戦ったすえの一四一四、「瑞鶴」は沈没した。地点はエンガノ岬（ルソン島東側）の東北東二六〇浬付近とされている。貝塚艦長は「瑞鶴」とともに没した。

戦い終わったのち、『軍艦瑞鶴戦闘詳報』が提出された。艦内各科・各部門からの戦訓が記されている。

応急では、隔壁の強化、補強法にさらなる工夫を要望している。現状では満水によっていちじるしい膨張を生ずるのだという。その観点からパイプの配管にも一考が必要、少なくとも壁面から一〇センチは離せ。防御扉は現在の造りはよろしくない。爆風によってクリップがみんな吹っ飛んでしまい、用を為さず。また可燃物の処理は、徹底の上にも徹底を期すべし、と。

注排水装置に関しては、現在装備のそれでは能力不十分。実際の被害に対処したとき、公試成績の半分も傾斜修正ができなかった。また急速注水区画への注水には、従来の艦底弁によるだけでなく、あわせて消防主管よりパイプを導設して双方からの注水で万全を期せ。至急、全空母をこの方式に改造せよ。などとキツイ進言を呈していた。
それにしても本海戦は、〔艦対空〕の戦いにおいて、飛行機の攻撃から艦船を守護するのは飛行機のみであることを、骨髄に徹して知らされた事例であった。ほかにも過去に、近似した類例が幾多もあったのだが……。

「信濃」――悪天候下に被雷撃

比島沖海戦が不首尾に終わって間もなくの昭和一九年一一月二九日、日本本土のそれも、東京湾を出た目と鼻の先でトンデモない戦闘が起きた。いや、戦闘とはいえない。〝事件〟である。というのは、「大和」「武蔵」と並んで超巨大戦艦になるはずだった、あの空母「信濃」が、横須賀を出港したとたん、米潜水艦にヒネラレてしまったのだ。出撃ではなく、たんに瀬戸内海へ移動する途中であった。

「信濃」は前日の二八日午後一時半、軍港を解纜《かいらん》していったん出口の金田湾に漂泊、外海へ出たのは六時だった。護衛として第一七駆逐隊の「磯風」「濱風」「雪風」の三隻が、前と左右を伴走する。二〇ノットに速力を上げた。
基準針路を一八〇度にとり之字運動を開始する。このあたりはもう米潜にとっては恰好の、とりわけ近海船舶の狩り場なのだ。しかし、ここを通らないわけにはいかない。ならば、東京湾を出てからどのような時間帯に、どのような航路を選んで西進するか。阿部俊雄艦長、中村馨航海長たちのもっとも頭を悩ますところであった。護衛艦長たちと鳩首相談が持たれ

〈図7〉空母「信濃」行動図

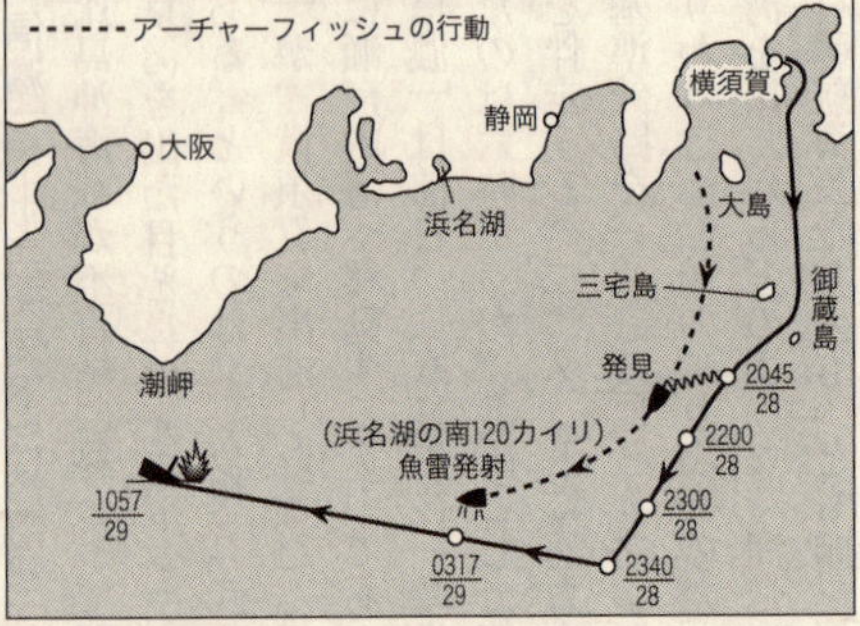

た。

結局、陸岸寄りのコースは避け、三宅島と御蔵島の中間まで南下後、南西へ転針、さらに八丈島と同緯度付近に進んだ点でほぼ真西に向きを変える。北緯三三度線に沿って航《はし》った後、艦首を振って豊後水道へ向かう航路が選ばれた。阿部艦長の意見であった。

潜水艦が魚雷攻撃をしにくい時間帯は、薄暮か黎明だそうである。阿部艦長はそのゆえに、東京湾口を出る時期に薄暮を選んだのだ。かつ、第一配備につき、なかんずく見張員は双眼鏡にかじりつくようにして、必死の警戒にあたった。その甲斐あってか、一時間は無事にすぎる。

緊張のタイムが終わり、艦内警戒は二交代の第二配備に緩められた。さらに数時間が経過し、時計の針は二九日の午前に入った。そしてしばらくたったとき、受信室は敵潜水艦が至近距離から発信する強力な電波を傍受した。これで本艦の発見されたことは、ほぼ確実である。

防空指揮所や艦橋周辺には三十数基の双眼望遠鏡が備えられている。とはいえ、たとえ月があっても、魚雷発射前に潜望鏡を発見するのはほとんど無理だ。なのに、今晩は闇夜ときている。しかも電探も見張りも、竣工後、日がまだ浅いので訓練らしい訓練はやっていない。いや、艦内の配置全部がそうだ。ただ、水上二〇ノットがやっとの敵潜が、二〇ノットで突っ走る本艦の前程に出て、絶好の射点を得ることも不可能に近い。そこに少しの安心感が漂う寄る辺があった。

そんな哨戒状況ではあったが、電波を捉えた〇二四五ころ、じつは「信濃」見張陣も潜水艦と思われるような〝黒い物体〟を見つけていた。一応、哨長から当直将校に届けられたのだが、「む？　あれは黒い雲だよ、あハハ」と、軽く否定されてしまったという。「信濃」は之字運動を止め、快速で航進続行、米潜は振り切られてしまった。

ところがこの両艦（のちに、潜水艦は「アーチャーフィッシュ」と判明）は、なんと後刻ふたたび遭遇することになるのだ。それまでの経緯の詳細は省略するが、真夜中〇三一七、突然の魚雷爆発音と衝撃に、休眠中の「信濃」非直員は叩き起こされた。気が付いたらデッキにほうりだされていた者もいるほどの、強烈なショックだったという。

浮上航行していた敵潜は、たまたま「信濃」を発見すると斜め前程一万メートルに位置を占め潜没、発射運動に入ったのだ。したがって、天候やらその他悪条件下での味方の雷跡発見は遅くなった。二、三〇〇メートルほどに迫ってからの視認になってしまったのだ（図7）。

艦内の浸水止まらず

激震があったにもかかわらず、艦橋操舵室にはさしたる異常は生じなかった。心配した後部の主舵取機室、副舵取機室にも浸水はないという報告が艦橋に届いた。

防御指揮官の内務長は、私室で仮眠に疲れを癒していた。そこへいきなりのドカーン、ドッカーン……だ。最下甲板の防御指揮所へすッ飛んでいった。電源に故障はない。停電なしッ、これはなにより心強かった。速力指示器は二〇ノットを指している。傾斜もたいしたことはない。「これなら簡単には沈まないぞ」、というのが防御指揮官としての彼の最初の感触だった。

被雷は右舷中部から後ろへかけて、約三五メートルおきに四ヵ所。最後の一本が命中した後部冷却機室付近は、運悪くバルジが切れたちょうど後ろにあった。応急員が浸水区画に隣接する区画の防水扉を、即締め切る。

防御指揮所の傾斜計は、右へいったん一四、五度の傾斜を示したが、左舷への急速注水でいくぶん復原し、一〇度くらいに戻った。注排水指揮官から、「全群注排水終わった」と報告連絡が入る。

それなのに、海水、重油などがじわじわと侵入してきた。なぜだ? 指揮所室内の広さは五、六畳くらいだ。このままでは間もなく水びたしになり、機能を失う、と防御指揮官は判断する。出入口の扉を開け、電話機などの水没を少しでも遅らせようと企図した。

だが、傾斜はさらに増していく。しからば最後の手段だ。不使用の缶室に注水するよう機関長に連絡した。本艦は竣工したとはいえ、一二基あるボイラーのうち四缶はまだ使用可能の状態になっていない。そこでこの缶室に非常注水しようというのだ。だがしかし、傾斜は

「信濃」を撃沈した米潜水艦「アーチャーフィッシュ」

ほとんど直らない。これ以上の注水はかえって浮力を減ずる。と、考えられたので注水はストップされた。

浸水はさらに進む。とうとう発電機も一部が止まり、艦内は応急用照明のみとなった。しかも「浸水が防ぎきれないッ」「防水扉の密着部から海水が洩れる」と、現場からの報告が飛びこんでくる。各所から水が漏って防水できないというのだ。

防御指揮所内の浸水は腰の上まで達し、電話器は水没して指揮所としての機能をまったく喪失した。内務長は指揮所全員に退避を命じる。この間約五時間くらいが経過していた。彼は艦橋へ上がって艦長にその旨を報告する。阿部艦長は二、三度うなずかれた。

六時ごろ、「総員、排水作業にかかれ」との命令が出た。手空きの乗員によって糧食、弾薬などの重量物を左舷へ運ぶ。通信科の者も、非直者は全員通路に一列に並んでバケツリレーで排水作業にかかった。最後のあがき？　しかし、六万二〇〇〇トンもする大艦への浸水だ。とてもそんなことで、激しくなる傾斜を止めることはできない。しばらくしてバケツでの排水は中止された。

周囲を見れば、デッキの鉄板の継ぎ目から、海水が猛烈な勢いで噴き出している。右舷後部に命中した魚雷の衝撃で、前部居住甲板のリベットが緩むようでは、「このフネはもう駄目だナ」、と乗員に思わせるほどの悲観的な状態になっていた。

一方、缶の水が思うように揚がらなくなり、速力が目に見えて落ちだす。一〇ノットになる、さらに八ノットに下がった。

そして下部にある注排水指揮室の周囲は、隣接区画にも上の区画にも完全に浸水して、もはやこの室内からハッチを開くことはゼッタイに不可能な状態になってしまった。防御指揮官は心を鬼にして、電話で激励の声をかける。「はーい、しっかり頑張りますッ」と、注排水指揮官は健気な返答をよこす。

再注水下命後も「注水開閉弁が開かない」「注水不能」の状況であった。傾斜はまたも一二度、一四度としだいに増してきた。午前七時、傾斜計は二〇度になんなんとしていた。浸水していない副舵取機室からさえ、「呼吸が苦しい」と伝えてくる。間もなくメイン・エンジン停止。発電機が全面ストップしたので電源が切れ、電話も使えなくなった。

九時ごろであったか、行き足のなくなった「信濃」に対して、駆逐艦二隻によって曳航を試みることになった。二インチの一番太いワイヤーで連結し、引っ張りはじめる。だが、たちどころにピシッと鋭い音をたてて曳索は破断してしまう。

これを見て阿部艦長は、ついに「信濃」の放棄を決意する。軍艦旗の降下を命じ、総員の退去を下令したのであった。艦が完全に水没したのは、二九日午前一〇時五八分とのことである。

〝不沈艦〟が沈没した理由

それにしても、不沈空母と謳われ期待された「信濃」が、なぜ魚雷のたった四本で、あっけなく沈んでしまったのだろう。

幸い生存して帰還できた乗員から指摘された第一の理由は、防水扉、防水蓋などの不完全であった。掌応急長は「防水扉を閉めてもドンドン漏水するのでケッチを壊れるまで閉めつけましたが、それでも効果はありませんでした。私の見た範囲では隔壁の膨張、破壊はありませんでした」と、後日開かれた査問会で申し述べたそうだ。

防水扉だけではない。浸水箇所の隔壁でも、外舷に叩きつける波が大きかったりすると、二、三本の鋲が抜けてふッ飛んでくる。そして、そこから水道の蛇口のように水が一メートルも近く吹き出したという。だとすると、明らかにこれらの不備は横須賀工廠のミスであろう。

ならばそんな欠陥は、事前に分からなかったのか。それは、当然為すべき気密試験を省略してしまったので、発見できなかったのだ。ではなぜ、そんな重要なテストをネグったのか？　〝突貫工事〟のせいであった。

予定では「信濃」は昭和二〇年二月末竣工であった。が、一九年七月末になって急に、一〇月一五日完成を命じられたのだ。すなわち、あと半年かかる工事をほんの二ヵ月でやらなければならなくなったのである。そのため気密試験はカットされ、本艦沈没の最大原因をつくってしまったのだ。

つぎの理由としては、乗組員の訓練不足を考えねばなるまい。

艦船では兵科、機関科など各科とも、主要配置の下士官には海軍歴の長い、百戦錬磨の士が配された。だが当時はもはや、そういう優秀者の数が少なかった。そして、艦全部が一丸となって実戦的な訓練を行なわなければ、艦の総合戦力は高まらない。なのに、一説によると「信濃」では乗員の四〇％近くが、海上勤務未経験者だったといわれている。

そのうえ、乗員全部が「信濃」という艦に慣れていなかった。阿部艦長の着任がこの年八月だ。なかには乗艦後、数週間しか経たない者もいた。しかし、半月や一月では、あの巨大艦の複雑な構造は呑み込めない。出撃当時には、さすがに迷子になる者は稀《まれ》になっていたが、〝フネを知らない〟若い兵では所要の場所に行くのに少なからず困惑を感じていた。

内務科の応急部員は連日「艦内めぐり」を実行した。そして日がな一日、艦内の防火、防水、防毒の応急装置、装備の確認、点検等を行なった。とくに水線以下の〝甲板めぐり〟は艦内停電を想定して、手探りでも一巡できるようにと。かれらの苦労は並たいていではなかった。

「総員、配置につけ」の号令で、応急員はただちに艦内に飛びこむ。上甲板以下の各甲板に分かれて各自の受け持ち哨所につき、被害箇所を探知する。分かったら飛び出す。損所が水線上の甲板の場合は、砲爆弾による爆発火災の防火だ。水線下の甲板では砲爆弾、魚雷等の爆発による破孔の補強修理、防水、防毒である。

とくに炭酸ガスに対する防毒は通常の防毒面では役に立たない。ガス検知器を使用し、酸素防毒面を着装して速やかに活動しなければならなかった。酸素防毒面とは、炭酸ガスを吸収して酸素を発生する特殊なガスマスクであった。その命数は約四五分間。

そうして、あらゆる手段を講じて被害を最小限に食い止めるのが応急員の任務なのである。それほどまで訓練に精魂を込めたのだが、「信濃」を救うことは叶《かな》わなかった。就役後、あまりにも短時日であったゆえか。

それから、二回目の注水がウマくいかなかった原因が、工廠から派遣されて乗艦していた技術士官によって明らかにされた。それは左舷のキングストン弁が、艦の右舷傾斜にともなって水面上へ飛び出してしまい、せっかく弁は一杯開かれていたのに、海水が入ってこないという結果になったのだ。この錯誤のため注排水指揮室では、海水が入らないので開閉弁が全開していないものと判断していたらしいという。

「信濃」はめでたいはずの誕生から、悲劇の要因を持って生まれ出たフネではあった。

完成直前、思わぬドックの事故で進水式は一ヵ月延びていた。そのため凹んだ艦首を直し、遅れて一一月一九日に進水する。それでも本来一二缶あるべき缶は八缶しか完成せず、完全にできあがったとはいえなかった。だけでなく、一六台あった補助発電機は、沈没時一台も動かず、三二台あった小型ガソリン排水ポンプも一台も使えなかった。そしてあの被雷地点で、同じ日・米両艦がたまたま二度も遭遇したことが、「信濃」にとってきわめて不運、彼にとってはきわめて幸運であった。万に一つのあんな偶然なかりせば……の感が深い。とすると、急げや急げと各所の尻を叩いた、省部のおエラ方が一番悪い、ということになるのであろうか。

（「信濃」各項の主要参照資料：『航空母艦信濃』空母信濃会、『空母信濃の悲劇』正田眞五、『空母「信濃」沈没の悲劇』下平正義、『沈みゆく信濃』諏訪繁治）

「大和」海上特攻に

昭和二〇年春、ついに日本海軍は前年秋より発動していた航空部隊による特攻作戦を、海上部隊にも広げる覚悟を決めた。直接の動機は四月一日、米軍が沖縄本島に上陸を開始したことによる。

豊田副武GF長官が伊藤整一第二艦隊長官にたいし、「大和」以下の海上特攻隊を率いて沖縄へ突入し、泊地ならびに周辺に蠢動する敵水上艦隊と輸送船団を襲撃、撃滅せよと命じたのだ。四月五日午後の下令である。

「大和」と軽巡「矢矧」ほか八隻の二水戦駆逐艦は、六日午後三時二〇分、瀬戸内を出撃したが、水上艦隊裸の特攻作戦の、その後の経過はあまりにもよく知られているとおりだ。「大和」「矢矧」のほか駆逐艦四隻を喪失し、作戦は予測されたとおり不成功に終わった。

ならば、「大和」応急防御陣は、その最後の戦闘をどのように戦ったのか？

艦長は有賀幸作大佐——海兵四五期で、〝少将五分前〟のベテラン古参水雷屋。副長は砲術出身の能村次郎大佐——海兵は五〇期、艦長と同じ階級だが、前年の一九年五月に進級したばかりの新ピン大佐だ。当然ながら、戦闘配置は防御総指揮官である。防御指揮官には、内務長の林紫郎中佐が充てられていた。彼の海兵は五一期。航海学校の運用学生を卒業したのち、さらに航校で〈防毒〉を専攻した本格的運用屋であった。航海長は海兵五二期で、航海学校航海学生に学んだ茂木史朗中佐。戦艦「榛名」の航海長から、転じてきた古豪航海屋である。こんな錚々《そうそう》たる面々が、戦艦「大和」最後の艦上で、爆弾や魚雷の回避、船体の損所復旧や傾斜復原の指揮に奮戦したのであった。

そして、いよいよの出動に当たっては、

『「大和」以下、部隊は三田尻沖を六日抜錨、七日未明豊後水道出撃、八日払暁、味方航空特攻作戦に策応して沖縄島嘉手納泊地に突入し、敵艦船を攻撃せよ』

との基本命令によって作戦は開始されたのであった。豊後水道を出終わると、艦隊は対潜警戒航行序列の整形に移る。

明ければ四月七日——八時四〇分、断雲を縫って艦載戦闘機七機、「大和」の前方上空至近距離を左から右へ航過する。予期していたとはいえ、まったくの突然だった。敵軍がわが艦隊を捕捉したのは確実だ。

空襲がいつ始まるか、静かなうちに腹ごしらえをしておこうと、副長は烹炊員を急がせて、一一時、総員を早目の昼食につけた。握り飯に沢庵《たくあん》。何十ヵ所もある隔壁、防水扉蓋が完全に閉鎖されている。そんな艦内各配置に分散した三〇〇〇人あまり（？）の乗員に、迅速に洩れなく配食するのは一苦労である。「配食終わり」の報告が副長にあったのは、一二時近いころであった。

居並ぶ麾下各艦は「大和」を基準に開距離三〇〇〇メートルに開き、第五戦闘速力二五ノットに増速している。一二時一五分、警報とともに総員戦闘配置につく。有賀艦長は上空視界の利く防空指揮所に移り、副長は司令塔内の防御指揮所に降りた。両人の戦闘配置である。

機影発見の報告が入ったのは、一二時二七分だ。距離二万五〇〇〇から二万六〇〇〇メートル。主砲による三式弾の射撃には絶好の距離なのだが、敵影群のドンぴしゃりの姿がつかめない。そのうえ、これから沖縄敵泊地に突入し、撃って、撃って撃ちまくらなければならない貴重な弾丸《だま》なので、無駄弾丸は出せない。黒田吉郎砲術長、口惜しがることしきりであった。

爆弾、魚雷つぎつぎと

一二時三五分、戦闘機三機が「大和」目がけて突っ込んできた。有賀艦長は「砲撃はじめ！」の号令を発した。敵機はスレスレにまで降下、至近距離までくるとサッと体をかわして舞い上がる。そしてさらに、爆撃機が急降下してくる……。

爆弾が至近海面を打って炸裂するのと、「取舵一杯！」の有賀艦長の号令が聞こえるのと、

沖縄海上特攻作戦で米機の猛攻にさらされる戦艦「大和」

ほとんど同時であった。右舷、異方向から雷跡三本が伸びていたのだ。急降下機に気をとられ、いつ投下されたのか分からなかったのだが、幸いこの魚雷は命中しなかった。

敵は推定二〇〇機以上の雷爆同時攻撃である。副長は防御指揮所内で背付きの椅子に腰をかけ、壁いっぱいに拡がる計器類に目を配っていた。

と、いきなり体が左右に揺れた。つづけて腹に響くドーンという遠雷にも似た炸裂音——直撃弾である。

一二時三七分、最初の命中爆弾だ。推定二五〇キロとおぼしきボムが二発、場所は後部電探室付近。近くの後部応急員詰所から電話あり。後部電探室の鋼鉄鈑は真っ二つに裂け、配置の一二名は一瞬にして散華したと。

副長の眼前、「表示盤」に並ぶ後部副砲弾庫の赤ランプがポンとついた。伝令に「電話で火災の程度を確かめよ!」と命じようとしたとき、詰所の応急員から「火災鎮火、油布が燃えた程度」との電話報告が入る。

艦は左へ右へと、舵を「一杯」(一杯舵は舵角三〇度)にとりながら、懸命の回避運動。茂木航海長、奮戦の図である。突如、ズシーンと鈍い衝撃音。直撃弾より音は低いが、艦の震動ははるかに激しかった。左舷前部にとうとう魚雷一本、初の命中となった。水防区画を貫き船倉倉庫に孔を開ける。

一二時五〇分、敵機は去り最初の大集団の空襲が終了した。

被害が生じると防御指揮所では、該当箇所の直通電話に紫色のランプが点灯し、ブザーが鳴る。かかりが素早く電話機を外し、対応する。防御指揮所と艦の重要箇所——たとえば艦橋や防空指揮所、各応急詰所などとの間は直通電話や伝声管で結ばれ、他の箇所へは中甲板の主砲発令所の隣にある交換台を通じて結ばれているのだ。

それらの電話で被害状況が続々報告されてくる。第一波では魚雷一本、爆弾二発命中。機銃掃射による死傷者が多数でた。中甲板以下では応急員が被害箇所の探知と、浸水による水圧で膨張する隔壁を、補強するのに多忙をきわめる。

やがて一〇〇機以上の第二波大編隊が来襲、攻撃を開始してきたのは一三時一八分であった。わが高角砲は一〇秒間隔で猛射し、機銃は絶え間なく発射する。今回の攻撃は初め雷撃機が多かった。しかも左舷側ばかりに攻撃をかけてくる。

またもやズシーンという衝撃だ。二本目の魚雷命中。つづいて三本目の魚雷が突入してくる。いずれも左舷中央部へ。その少しあとに、四本目の魚雷が左舷後部に命中した。

ただちに「被害状況を調べよ」と防御指揮所より下命する。相次ぐ四本の魚雷の命中で、それも左舷の被害が多かったため、艦は左へ七～八度傾いた。が、これは注排水装置により右舷タンクへ注水して、間もなく〝少々程度〟の左傾斜に回復する。このときは三〇〇〇トンを注水したのだった。

機械室、缶室に非常注水

第二波は、味方に多大の被害を加えたが、一六分の戦闘で終わった。しかし浸水と注水で吃水が深くなったため、船脚が重くなり速力は一八ノットに低下した。それから間もなくの午後一時三五分、第三波来襲。

彼らの襲撃も巧妙だった。百数十機が、被害の多かった左舷を狙い、集中的に攻撃をかけてきたのだ。したがって、各方向から同時に進んでくる魚雷の白い航跡や、連続する急降下爆撃と銃撃を、すべて無事に回避することはとうてい不可能だった。左舷につづけて二発、五本目、六本目の魚雷が命中して舵破壊。一三時四四分と記録されている。

注排水装置の右舷タンクはすでに満水していたので、引きつづく左舷の魚雷被害はふたたび艦の傾きを増加させた。左舷傾斜は一五度になる。のみならず、中部甲板に七、八発の直撃爆弾が命中。だが、速力はいぜん一八ノットを保つ。

右舷中央部下甲板の注排水指揮所で注排水を督励していた、防御指揮官林紫郎中佐から電話が入った。「タンクの注水限度に達したので、これ以上、傾斜を抑えるには右舷の機械室、缶室に注水するよりほかに手がない」との言葉だ。これは非常手段である。「大和」の沖縄到達成否は推進力いかんにかかっている。それを×にしてもよいのか？　能村防御総指揮官は、咄嗟には許可の指令を出しかねた。

防空指揮所の艦長からは「傾斜復原を急げ！」と、数度の催促が届く。傾斜したままでは高角砲、機銃の台座が回転しなくなり、射撃が不能になるのだ。林指揮官からも度重なる進言がつづく。ついに能村副長は意を決し、注排水指揮所へ「右舷機械室注水！」「右舷缶室注水！」を発令する。一四〇〇すぎであった。

各室に緊急退避の非常ブザーが鳴り響く。数十人の在室員は傾斜して歩きにくい床を走り、手近の階段《ラッタル》へ飛びつく。と同時に、壁の最下部に接して配してある注水孔から、海水が機械室、缶室に奔入しはじめた。注水速度から考え、おそらく四、五分で満水したことであろう。機械室でいちばん出口に遠い持ち場の者が、中甲板へ出るまでに三分。缶室からは比較的退避しやすいが、出入口が狭いうえ一ヵ所なので、最後の兵が脱出するまでに三分ぐらいはかかったに違いない。しかし機械室、缶室勤務員には負傷者がなかったから、いずれにしても各室は、満水する前に全員が退避できたはずと見込まれている。

この勇断の注水により、傾斜が一時停止したかのように感じられた。だが、一四〇七、七本目の魚雷が右舷中部に命中する。さらに一四一二、左舷中部および後部に各一発、八本目と九本目の魚雷が命中した。機械は片舷運転で速力一二ノットとなる。傾斜は右舷命中もあって、左へ六度となった。

そのとき、またも直撃弾被弾。注排水指揮所を破壊し、林防御指揮官以下、注排水指揮所全員が戦死した。同じころ、舵は操舵装置故障で、舵取機室の応急操舵に移っていたが、指揮する操舵長から「舵取機室の浸水刻々増える」との報告が飛びこむ。しばらくすると「浸水多く、操舵できない！」と報じ、以後ここも連絡が絶えた。そして、累計九本の魚雷被害のため後部上甲板下の無電室もやられる。こうした非報のつづくなかに、第三波攻撃は終了。

大傾斜、救う手段なし

飽くことない敵の第四波来襲はつづく。操舵ができず、艦は大きく輪を描いて左に左にと回りつづける。前檣に水色の三角旗に白い横線の入った「ワレ舵故障」の旗旒が揚がった。

一四時一五分――速力は落ち、反撃の砲火は衰えた。

艦橋下部に被弾多く、今や満身創痍だ。しかも隻脚、いかんともなすすべがない。そんな身体の自由を失った左舷に、さらに一発の魚雷が命中した。一四一七、累計一〇本である。傾斜は一八度を越えようとする（命中魚雷数は累計一二本、さらには一四本だったとする説もある）。

表示盤警鳴器に赤ランプがつく。能村総指揮官がどの弾庫か、火薬庫かと思って目をやると、もう第一砲塔はじめ、あちこちの弾庫、火薬庫の赤ランプがついている。いよいよ誘爆近しか？　主砲はまだ三式弾を三発発射したのみだ。あと一一六七発が残っている。副砲もほとんど撃っていない。これらが爆発すれば、いかな不沈戦艦「大和」といえどもひとたまりもない。赤ランプだけでなく、さらに危険温度に上昇したことを知らせるブザーが、一斉にけたたましく叫び声を上げる。

この警鳴器は同じものが第一艦橋にもあり、防空指揮所にはブザーだけの警鳴器がある。まだ配線は切断されていなかったらしく、防空指揮所のブザーも鳴り、首脳部一同、危機の迫ったのを知る。

有賀艦長が「弾庫、火薬庫に水が入らんのか！」と、怒声を上げる。しかし注排水指揮所は魚雷で破壊され、各弾火薬庫側との連絡も咄嗟にはとれにくい。

傾斜は増加して、二〇度をオーバーしようとしている。だが、それを食い止める方法はすでにないのだ。転覆は数分？　の先に迫った。このままの状態で時間がたてば、総員が艦と運命を共にするのは必定である。対空戦闘と操艦に熱中している艦長からは、防御総指揮官にまだなんの指示もない。乗員は沈む艦からはできるかぎり救い出さねばならない。だとすれば、そのカギを握るのは防御総指揮官たる副長だ。躊躇すると時期を失う。ともあれ、一応艦外部の状況を確認しようと、司令塔内の防御指揮所から階段を駆け上がって、第二艦橋に昇った。平素ならば水面上七、八メートルはある最上甲板前部の左半分は、もはや海中にあり、艦首が島のように海上に取り残されている。残存速力六ノットくらい、左舷傾斜二〇度。

傾斜はさらにひどくなる。副長は第二艦橋の電話をとり上げ、防空指揮所の有賀艦長へ「注排水指揮所も破壊し、傾斜復原の手段は尽きました。最期の時刻も近いと思うので、総員を最上甲板に上げてください」と申し述べた（海上特攻「大和」各項の主要参考資料：防研戦史『沖縄方面海軍作戦』、『慟哭の海』能村次郎）。

この上申によって、残存乗員の運命の方向は決まったのであった。「大和」の沈没は四月七日一四二五。主砲弾の爆発による轟沈とされている。帝国海軍の表象・不沈「大和」がついに消えた。日本海軍の考え得る、最高の応急防御装備を練達の乗員が駆使し、殊死奮戦のすえに。

単行本　平成二十七年二月「海軍ダメージ・コントロール物語」改題　潮書房光人社刊

あとがき

本書は潮書房光人社より刊行されている、月刊『丸』誌に連載した『海軍ダメ・コン物語』をまとめたものである。期間は平成二三年七月号より、二六年一月号までの三〇回であった。

始める前は「ああ二年半か、ケッコウ長いな、書きでがあるな」と考えていたのだが、さて終わってみると、アッという間に過ぎてしまったようにも感じられる。これだけの日数があたえられれば、計画していたことを完全にとはいえないまでも、おおむね想うところは書き切れるであろう、と夢中になって机にかじりついていたからであろうか。

しかし書き出した途中で、書き終えてしまった個所の誌面を振り返って見て、「あそこはこう書けばよかった、こういうことも合わせて書けばよかった」という後悔の念が湧いてくることが間々あった。けれど、ページ数の限られている雑誌だからショーがね～か、とも……。そこで今回、補足、訂正を加えて一冊にしたのが本書である。

冒頭に述べた意図から書きはじめ、書き進んだあと、後ろ四分の一くらいの頁には実戦での応急防御の実際を多く記してみた。したがってそこには、巨艦「大和」とか「武蔵」など不沈を看板にしていたようなフネ、あるいは大型艦で簡単には沈みそうもないフネを挙げて、その時の状況を書き、ダメ・コン戦はいかに戦われたかを述べている。

したがい、駆逐艦だとか掃海艇だとかの小さい艦艇の応急防御はどうなっていたのか、までは触れていない。「あとがき」の中になってしまったが、そのへんについて少々記述しておこうと思う。

日本海軍駆逐艦の本領は小型、快速を活用し、身を犠牲にして雷撃により敵主力艦隊に打撃をあたえることにあった。だからといおうか、これらの小艦艇は〝消耗品〟なみの扱いがなされていたようだ。

昔、かの米海軍では、駆逐艦のことをティン・カン（Tin Can）なんぞと言ってからかったものだという。薄っぺらな鉄板で造ってあるのでブリキ罐みたいだ、ということなのであろう。日本海軍でも「吹雪」型、いわゆる特型では最も厚い中央部でもキールが一九ミリ、その左右の艦底部は一六〜八ミリ。舷側は最上部で一五ミリ、下方の吃水線付近になると七ミリにすぎなかったのだ。

そして、艦の前後部ではもっと薄くなり、五〜六ミリになってしまう。チョッと何かがぶつかれば、ペコンと凹み（?）そうだ。なるほどこれでは、何十センチもの装甲鈑で装われた戦艦あたりから見れば〝ブリキ艦〟だ。だから当然のことに、防御などはほとんど考慮の外であり、注排水装置なんかないのは当たり前であった。

大正十二年五月に竣工した、古い一等駆逐艦で「春風」という艦があった。ならば、こんなボロ（失礼）ブネは魚雷の一本も喰えば、たちどころにボカ沈か、と思われよう。が、どうしてドーして左にあらず。ラバウル・オーストラリア方面の輸送に従事してスラバヤに帰投した昭和一七年一一月一六日、港の近くで機雷に触れ、前部を切断する大損傷を被ってしまった。

昼時であったそうだ。烹炊室付近にいた者は、いやというほどの猛烈な衝撃を受け、爆風に叩きつけられた。ために頭から重油の雨を浴びる仕儀になった。

みな、茫然と立ちすくんだ。その眼前を艦の前部が、艦橋下の直前からポッキリ折れ、赤腹を出して流れていくのが目に入ったのだという。残った艦体からは重油が流れ出し、一瞬のうちに周囲の海面は火の海と化す。艦内にも火災発生。火勢は強かったが、全員で海水ポンプによる消火作業が開始された。幸い機関室が無傷で全機能を発揮することが出来たので、各所の消火栓からほとばしる海水により火はしだいに鎮火した。艦橋の舵が使用不能になっていたのだが、後部兵員室の応急人力舵を数名で操作する。艦に後進をかけ火災現場海面から遠ざかることが出来、なんとか帰還に成功している。そして一九年末には、またも被害を受けた。今度は潜水艦の魚雷により艦尾を切断したのだが、そのまま終戦まで佐世保に残存した。大正生まれのロートル・ディストロイアー、したたかに健在なりであった。

したがって駆逐艦のようなフネでは、艦内編制にしても軍艦にいる副長なんぞはいない。

かつ昔から運用科はなく、新編成になっても法令上の内務科はつくられなかった。

やや新しい一六八五トン「白露」型の艦では、中佐を駆逐艦長に、兵科士官は少佐もしくは大尉の水雷長、大尉の航海長、砲術長各一名中尉あるいは少尉一人を乗り組み将校としていた。その他機関長たち他科の士官、各科下士官兵まで入れて、全一四七人が定員とされていた。ということで、この種の艦では水雷長が先任将校になって、副長に類似する職務にあたるのが通常であった。

「春雨」はその一隻だったが、だから本艦で戦闘時、応急防御に従事する工作関係の人間は少なかった。工機学校の練習生過程を終えているのは金工二名、木工一人しかいなかったのだ。戦艦「長門」なんかでは三三名も、工校出がいたというのに、である。

そんな少人数で工作兵本来の仕事を確実にこなしていった。艦が出港というときには、艦首尾の吃水の深さを測る。これによってフネが正常な状態にあるか否かがわかるので、船匠時代からの木工兵の重要な任務であった。結果は機関長を経て艦長に報告される。工作科のない彼らは機関科に所属しており、直接の上司は掌機長であった。

出港時には揚錨機室の重量物を固縛し転倒や移動を防ぐ。この室には工作台があり、その作業道具も置かれていたのだ。用意の良い木工下士官は、ここでいろいろな大きさの木栓をたくさん作っておいた。この用途は先刻おわかりでしょうね。そして入出港のさい、揚錨機のブレーキを操作するのも工作兵の役目になっていた。

だが昭和一九年六月、「春雨」はビアク島沖海戦で敵機に攻撃され、後部に被弾して爆雷が誘爆してしまった。これはたまらない。垂直になって吸い込まれるように海中に没したという。

もう一艦、応急防御をのぞいてみよう。昭和一五年一月竣工の、二〇〇〇トン型「雪風」は当時、最新最大の駆逐艦であったといってよいであろう。しかし、柄が大きくなったからといっても艦内編制に変わりはなかった。艦長は中佐であったし、副長はいない。分隊も第一から第四までで、一分隊が砲術、二分隊水雷、三分隊航海・運用そして四分隊が機関という編制になっていた。かつ第二分隊長の水雷長が先任将校を務めたのもフツウどおりであった。

ただ、さきほど駆逐艦には内務科はなかった、と書いたが、「雪風」では終戦近くになって、編成されたという記録もある（『激動の昭和世界奇跡の駆逐艦雪風』同編集委員会）。兵員が上陸の際にもちいる上陸札に「内務科」と書かれたそれが、残っているのだという。だとすると、〝艦内限り〟で仮に編成されたのかもしれない？

開戦いらい「雪風」は数多の主要作戦に参加し、激闘を繰り返したがほとんど損傷をせず帰還し、戦死者も数人を数えるていどであった。幸運艦であった。

だが、そんな「雪風」がトンデモ happen な事故に見舞われたことがある。昭和一九年五月一六日夜、同艦はボルネオ島のタウイタウイ基地に入港しようとしていた。そのとき突然、船体がガガン、ガガンというショックを受けたので、航海長はすぐさま機関を停止した。浅瀬に触れ、すでに乗り越えたようであった。前進微速をかけたところ、静かに動くのだ。灯標のランプが消えていてわからなかったのである。
錨地に入り、さっそく木工長ほか数人の潜水員が潜った。推進器の先端が一部湾曲し、折損していた。即、修理だ。だが、ここの海には鮫、鱶が泳いでいる。金工長がネズミ捕りを大きくしたようなデカイ金網籠をこしらえ、その中に潜水員が入ってふたたび海中に潜った。特殊な水中切断機でプロペラに出来たバリを削除しようというのだ。難しい技術の要る仕事だったが、さすがは「雪風」工作員、ぶじ作業を成功させた。

以上、長々と海軍艦艇のダメージ・コントロールという問題について、そのあれこれを、書きしるしてきた。事柄がコトガラ、地味なテーマなので出来るだけあるいは柔らかくあるいは固く、変化を持たせてペンを進めたのだが、読者諸賢のご感想はいかがであったろうか。かつ、平易で正確をモットーに、を心がけたのだが全般を通じ誤り等を発見されたならば、ぜひご教示を賜りたい。

なお本書の製作、完成にあたってはたくさんの方々の努力、お力添えをいただいている。なかんずく、川岡篤氏ならびに鶴野智子氏の熱誠溢れる編集、編纂によって単行本化がなされた。それに先だって、室岡泰男『丸』編集長には三年近い長期連載のご承認、編集に力強いご援助を賜った。末尾になったが、ここに厚く御礼申し上げるしだいである。

写真提供／雑誌「丸」編集部、米国立公文書館

ＮＦ文庫

海軍ダメージ・コントロールの戦い

二〇一九年二月二十一日　第一刷発行

著　者　雨倉孝之
発行者　皆川豪志
発行所　株式会社　潮書房光人新社
〒100-8077　東京都千代田区大手町一-七-二
電話／〇三-六二八一-九八九一(代)
印刷・製本　凸版印刷株式会社
定価はカバーに表示してあります
乱丁・落丁のものはお取りかえ致します。本文は中性紙を使用

ISBN978-4-7698-3107-5　C0195
http://www.kojinsha.co.jp

NF文庫

刊行のことば

第二次世界大戦の戦火が熄《や》んで五〇年――その間、小社は夥しい数の戦争の記録を渉猟し、発掘し、常に公正なる立場を貫いて書誌とし、大方の絶讃を博して今日に及ぶが、その源は、散華された世代への熱き思い入れであり、同時に、その記録を誌して平和の礎とし、後世に伝えんとするにある。

小社の出版物は、戦記、伝記、文学、エッセイ、写真集、その他、すでに一、〇〇〇点を越え、加えて戦後五〇年になんなんとするを契機として、「光人社NF（ノンフィクション）文庫」を創刊して、読者諸賢の熱烈要望におこたえする次第である。人生のバイブルとして、心弱きときの活性の糧《かて》として、散華の世代からの感動の肉声に、あなたもぜひ、耳を傾けて下さい。

＊潮書房光人新社が贈る勇気と感動を伝える人生のバイブル＊

ＮＦ文庫

一式陸攻戦史 海軍陸上攻撃機の誕生から終焉まで
佐藤暢彦
開発と作戦に携わった関係者の肉声と、日米の資料を織りあわせて立体的に構成、一式陸攻の四年余にわたる闘いの全容を描く。

大西洋・地中海16の戦い ヨーロッパ列強戦史
木俣滋郎
ビスマルク追撃戦、タラント港空襲、悲劇の船団ＰＱ17など、第二次大戦で、戦局の転機となった海戦や戦史に残る戦術を描く。

スピットファイア戦闘機物語 イギリス国民が讃える救国の戦闘機
大内建二
非凡な機体に高性能エンジンを搭載して活躍した名機の全貌。構造、各型変遷、戦後の運用にいたるまでを描く。図版写真百点。

連合艦隊とトップ・マネジメント
野尻忠邑
太平洋戦争はまさに貴重な教訓であった――士官学校出の異色のベテラン銀行マンが日本海軍の航跡を辿り、経営の失敗を綴る。

ゼロ戦の栄光と凋落 高性能にこだわり過ぎた戦闘機の運命
碇　義朗
日本がつくりだした傑作艦上戦闘機を九六艦戦から掘り起こし、証言と資料を駆使して、最強と呼ばれたその生涯をふりかえる。

写真　太平洋戦争 全10巻〈全巻完結〉
「丸」編集部編
日米の戦闘を綴る激動の写真昭和史――雑誌「丸」が四十数年にわたって収集した極秘フィルムで構築した太平洋戦争の全記録。

＊潮書房光人新社が贈る勇気と感動を伝える人生のバイブル＊

NF文庫

昭和20年8月20日日本人を守る最後の戦い
稲垣　武
敗戦を迎えてもなお、ソ連・外蒙軍から同胞を守るために、軍官民一体となって力を合わせた人々の真摯なる戦いを描く感動作。

ソ満国境１９４５　満州が凍りついた夏
土井全二郎
わずか一門の重砲の奮戦、最後まで鉄路を死守した満鉄マン……未曾有の悲劇の実相を、生存者の声で綴る感動のドキュメント。

新説・太平洋戦争引き分け論
野尻忠邑
中国からの撤兵、山本連合艦隊司令長官の更迭……政戦略の大転換があったら、日米戦争はどうなったか。独創的戦争論に挑む。

日本海軍の大口径艦載砲　戦艦「大和」四六センチ砲にいたる帝国海軍艦砲史
石橋孝夫
米海軍を粉砕する五一センチ砲とは何か！　帝国海軍主力艦砲の航跡。列強に対抗するために求めた主力艦艦載砲の歴史を描く。

大海軍を想う　その興亡と遺産
伊藤正徳
日本海軍に日本民族の誇りを見る著者が、その興隆に感銘をおぼえ、滅びの後に汲みとられた貴重なる遺産を後世に伝える名著。

鎮南関をめざして　北部仏印進駐戦
伊藤桂一
近代装備を身にまとい、兵器・兵力ともに日本軍に三倍する仏印軍との苛烈な戦いの実相を活写する。最高級戦記文学の醍醐味。